José Lara Ruiz

MANUAL DE POLINIZADORES DE ORQUÍDEAS IBÉRICAS

José Lara Ruiz

MANUAL DE POLINIZADORES DE ORQUÍDEAS IBÉRICAS

Polinizadores de las orquídeas

Editorial Académica Española

Imprint

Cover image: www.ingimage.com

Publisher:
Editorial Académica Española
is a trademark of
Dodo Books Indian Ocean Ltd. and OmniScriptum S.R.L publishing group

120 High Road, East Finchley, London, N2 9ED, United Kingdom
Str. Armeneasca 28/1, office 1, Chisinau MD-2012, Republic of Moldova, Europe
Printed at: see last page
ISBN: 978-613-9-41123-8

Resumen: La presente lista preliminar presenta las especies de los polinizadores de las Orchidaceae ibéricas.

Palabras clave: Orchidaceae, polinizadores, lista preliminar, península ibérica.

Abstract: This preliminary list presents the species of the polliators of the Orchidaceae of the Iberia península.

Key words: Orchidaceae, pollinators, preliminary checklist, iberian peninsula.

INTRODUCCIÓN

En la actualidad, la familia Orchidaceae cuenta con 30.517 especies, 1.451 híbridos y 1.666 taxa infraespecíficos aceptados (World Plants: Orchid List).

Las formas de atracción de los polinizadores por parte de las orquídeas se pueden agrupar en 3 grupos: 1) el ofrecimiento de alimento (néctar) (Nilsson, 1983), 2) los engaños visuales (especies que simulan ser nectaríferas) (Scaccabarozzi et al., 2018)y 3) los engaños sexuales (Peakall, 1990). A ellos hay que agregar, la búsqueda de sitios de anidación en el caso de las especies del género *Serapias* (Vereckeen et al., 2012). Esto es válido para las orquídeas de Euro-mediterráneas.

Los polinizadores se incluyeron en la base de datos de una especie de orquídea determinada si se les había observado retirando o depositando polen o si el vector llevaba polinarios identificables en una posición del cuerpo que es consistente con la mecánica de remoción y deposición de polinizaciones, una circunstancia que se aplica principalmente a las especies polinizadas por abejas euglosinas (Dressler, 1976).

El objetivo de este trabajo es confeccionar una lista preliminar de polinizadores de orquídeas ibéricas como base de posteriores trabajos más completos.

DISTRIBUCIÓN BIOGEOGRÁFICA DE LAS ORQUÍDEAS

(Se han excluido las Islas de Pacífico y la Antártida, por su bajo número de especies)

Región	Nº de especies estimadas
Europa	592
África	2855
Asia templada	2020
Asia tropical	9419
Australasia	1582
Norteamérica	209
Sudamérica y México	14700

Fuentes: POWO y North American Orchid Conservation Center minus the Hawaiian and non-indigenous species (https://goorchids.northamericanorchidcenter.org

MATERIAL Y METODOS

Para realizar este trabajo se han estudiado las cargas polínicas de los ejemplares de la colección particular del autor y los inventarios de más de 40 años de trabajo de campo.

RESULTADOS

LISTA DE ESPECIES DE ORCHIDACEAE IBÉRICAS

Anacamptis collina (Banks & Sol. ex Russel) R.M. Bateman, Pridgeon & M.W. Chase 1997
Polinizada por abejas de lengua larga. Mecanismo de atracción: engaño.
Abejas de lengua larga: **Apidae**: Apis mellifera, Eucera longicornis

Anacamptis coriophora R.M. Bateman, Pridgeon & M.W. Chase 1997 subsp. *coriophora*
Polinizada por abejas de lengua larga (Apidae, Megahilidae), abejas de lengua corta (Halictidae), avispas (Spheidae, Vespidae), moscas (Syrphidae, Stratiomyiidae, Tachinidae), polillas (Zygaenidae), escarabajos (Cantharidae, Cerambycidae) y chinches de campo. Planta nectarífera.
Abejas de lengua larga: **Apidae**: Apis mellifera, Bombus humilis, Bombus pascuorum, Bombus pratorum, Bombus subterraneus, Ceratina cucurbitina, Eucera nigrescens, Nomada concolor, Xylocopa iris, Xylocopa valga; **Megachilidae**: Anthidium manicatum, Megachile lagopoda, Osmia aurulenta
Abejas de lengua corta: **Halictidae:** Halictus quadricinctus, Sphecodes gibbus; **Andrenidae**: Andrena morio.
Lygaeus equestris
Avispas: **Sphecidae**: Ammophila campestris; **Vespidae**: Polistes dominula, Vespula vulgaris.
Moscas: **Syrphidae**: Volucella bombylans; **Stratiomyidae**: Stratiomys longicornis; **Tachinidae:** Tachina fera
Polillas: **Zygaenidae**: Zygaena filipendulae
Escarabajos: **Cantharidae**: Cantharis rustica; **Cerambycidae**: Dinoptera collaris; **Oedemeridae**: Oedemera nobilis.
Chinches de campo: **Lygaeidae**: Lygaeus equestris

Anacamptis coriophora subsp. *fragans* (Polloini) R.M. Bateman, Pridgeon & M.W. Chase 1997
Polinizada por abejas de lengua larga (Apidae, Megachilidae), abejas de lengua corta (Halictidae), avispas (Scoliidae, Vespidae), polillas (Zygaenidae), escarabajos (Cantharidae, Oedemeridae, Scarabeidae Cetoniinae) y chinches de campo (Lygaenidae).
Abejas de lengua larga: **Apidae**: Apis mellifera, Bombus lucorum, Bombus pratorum, Nomada concolor, Xylocopa iris, Xylocopa valga, Xylocopa violacea; **Megachilidae**: Osmia bicornis, Osmia cornuta.
Abejas de lengua corta: **Halictidae**: Halictus simplex.
Avispas: **Scoliidae**: Megascolia bidens; **Vespidae**: Vespula vulgaris.
Polillas: **Zygaenidae**: Zygaena filipendulae
Escarabajos: **Cantharidae**: Ragonycha nigricollis; **Oedemeridae**: Oedemera nobilis; **Scarabaeidae (Cetoniinae):** Tropinota hirta.
Chinches de campo: **Lygaeidae**: Lygaeus equestris

Anacamptis laxiflora (Lam.) R.M. Bateman, Pridgeon & M.W. Chase 1997
Polinizada por abejas de lengua larga (Apidae)

Abejas de lengua larga: **Apidae**: Bombus hortorum, Bombus pascuorum, Bombus terrestris

Ancamptis longicornu subsp. *linkiana* F. M. Vázquez, 2015
Polinizada por abejas de lengua larga (Apidae)
Abejas de lengua larga: **Apidae**: Bombus lapidarius, Bombus pascuorum, Bombus terrestris

Anacamptis morio subsp. *champagneuxii* (Barnéoud) H. Kretzschmar & al., 2007
Polinizada por abejas de lengua larga (Apidae, Megachilidae) y abejas de lengua corta (Andrenidae, Halictidae)
Abejas de lengua larga: **Apidae**: Anthophora retusa, Apis mellifera, Bombus bohemicus, Bombus confusus, Bombus hortorum, Bombus humilis, Bombus lapidarius, Bombus lucorum, Bombus muscorum, Bombus pascuorum, Bombus pratorum, Bombus ruderatus, Bombus rupestris, Bombus subterraneus, Bombus sylvarum, Bombus sylvestris, Bombus terrestris, Bombus vestalis, Eucera hungarica, Eucera longicornis, Eucera nigrescens, Eucera nigrilabris, Eucera pollinosa, Eucera seminuda, Nomada sexfasciata; **Megachilidae:** Megachile parietina, Megachile pyrenaica, Osmia aurulenta, Osmia bicornis
Abejas de lengua corta: **Andrenidae**: Andrena albopunctata, Andrena morio, Andrena ovatula; **Halictidae:** Halictus cochlearitarsis, Halictus patellatus, Halictus quadricinctus, Lasioglossum calceatum, Lasioglossum xanthophus, Seladonia tumulorum

Ancamptis morio (L.) R.M. Bateman, Pridgeon & M.W. Chase 1997 subp. *morio*
Polinizada por abejas de lengua larga (Apidae, Megachilidae, Melittidae), abejas de lengua corta (Andrenidae, Halictidae), mariposas (Pieridae), polillas (Noctuidae, Sphingidae Zygaenidae) y escarabajos (Scarabaeidae).
Abejas de lengua larga: **Apidae**: Anthophora retusa, Apis mellifera, Bombus bohemicus, Bombus confusus, Bombus hortorum, Bombus humilis, Bombus lapidarius, Bombus lucorum, Bombus muscorum, Bombus pascuorum, Bombus pratorum, Bombus ruderatus, Bombus rupestris, Bombus subterraneus, Bombus sylvarum, Bombus sylvestris, Bombus terrestris, Bombus vestalis, Eucera hungarica, Eucera longicornis, Eucera nigrescens, Eucera nigrilabris, Eucera pollinosa, Eucera seminuda, Nomada sexfasciata; **Megachilidae:** Osmia aurulenta, Osmia bicornis; **Melittidae**: Dasypoda hirtipes.
Abejas de lengua corta: **Andrenidae**: Andrena albopunctata, Andrena ovatula; **Halictidae:** Halictus cochlearitarsis, Halictus patellatus, Halictus quadricinctus, Lasioglossum xanthophus
Mariposas: **Pieridae**: Anthocharis euphenoides, Pontia daplidice.
Polillas: **Noctuidae**: Cucullia santolinae, Hadena luteocincta, Hadena plebeja; **Sphingidae:** Macroglossum stellatarum; **Zygaenidae:** Zygaena lonicerae
Moscas: Syrphidae: Episyrphus balteatus, Sphaerophoria scripta
Escarabajos: **Scarabaeidae:** Tropinota hirta

Ancamptis palustris (Jacq.) R.M. Bateman, Pridgeon & M.W. Chase 1997
Polinizada por abejas de lengua larga (Apidae) y polillas (Zygaenidae).
Abejas de lengua larga: **Apidae**: Bombus muscorum, Bombus terrestris
Poilillas: **Zygaenidae**: Zygaena filipendulae.

Anacamptis papilionacea (L.) R.M. Bateman, Pridgeon & M.W. Chase 1997
Polinizada por abejas de lengua larga (Apidae, Megachilidae) y moscas (Bombyliidae).
Abejas de lengua larga: **Apidae**: Anthophora crinipes, Anthophora retusa, Apis mellifera, Bombus humilis, Eucera barbiventris, Eucera brachycera, Eucera caspica, Eucera hungarica, Eucera longicornis, Eucera nigrescens, Nomada agrestis, Nomada basalis, Nomada integra, Nomada nobilis, Nomada panzeri; **Megachilidae:** Megachile parietina, Osmia aurulenta, Osmia caerulescens

Moscas: **Bombyliidae**: Bombylius major

Anacamptis pyramidalis (L.) Rich. 1817
Polinizada por abejas de lengua larga (Apidae), mariposas (Hesperiidae, Lycaenidae, Nymphalidae, Pieridae), polillas (Arctiidae, Geometridae, Noctuidae, Spningidae, Zygaenidae), moscas (Syrphidae) y escarabajos (Scarabaeidae).
Abejas de lengua larga: **Apidae**: Apis mellifera, Bombus hortorum, Bombus pascuorum
Mariposas: **Hesperiidae**: Erynnis tages, Ochlodes sylvanus, Spialia sertorius, Thymelicus sylvestris; **Lycaenidae**: Glaucopsyche alexis, Lycaena phlaea, Plebejus argus, Polyomnaus bellargus, Pyrgus carthami, Pyrgus malvoides, Pyrgus sidae; **Nymphalidae**: Aglais urticae, Aphantopus hyperanthus, Argynnis adippe, Argynnis aglaja, Brenthis hecate, Brenthis ino, Coenonympha glycerion, Euphrydryas aurinia, Maniola jurtina, Melanargia galathea, Melitaea athalia, Melitaea cinxia, Melitaea didyma, Melitaea parthenoides, Melitaea phoebe**; Pieridae**: Anthocharis cardamines, Aporia crataegi, Pieris brassicae, Pieris napi
Polillas: **Arctiidae:** Amata phegea**; Geometridae:** Siona lineata; **Noctuidae:** Apamea monoglypha, Cucullia calendulae, Heliothis peltigera, Mythimna sícula, Tyta luctuosa; **Sphingidae**: Hemaris fuciformis, Macroglossum stellatarum; **Zygaenidae**: Ascita geryon, Zygaena carniolica, Zygaena filipendulae, Zygaena lonicera, Zygaena loti, Zygaena purpuralis, Zygaena rhadamanthus, Zygaena trifolii, Zygaena viciae
Moscas: **Syrphidae**: Chrysotoxum bicinctum, Episyrphus balteatus, Eupeodes corollae, Sphaerophoria scripta
Escarabajos: **Scarabaeidae:** Trichius fasciatus, Tropinosa squalida.

Anacamptis robusta (T. Stephenson) R.M. Bateman 2003
Polinizada por abejas de lengua larga (Apidae).
Abejas de lengua larga: **Apidae**: Bombus lapidarius, Bombus pascuorum, Bombus terrestris.

Cephalanthera damasonium Druce 1906
Polinizada por abejas de lengua larga (Apidae, Megachilidae), abejas de lengua corta (Halictidae, Andrenidae) y avispas (Tenthredinidae).
Abejas de lengua larga: **Apidae:** Bombus lucorum; **Megachilidae:** Megachile willughbiella.
Abejas de lengua corta: **Halictidae:** Lasioglossum malachurum; **Andrenidae:** Andrena morio.
Avispas: **Tenthredinidae**: Dolerus germanicus.

Cephalanthera longifolia (L.) Fritsch 1888
Polinizada por abejas de lengua corta (Halictidae).
Abejas de lengua corta: **Halictidae:** Halictus rubicundus, Lasioglossum laeve, Lasioglosum politum, Lasioglossum smeathmanellum,

Cephalanthera rubra (L.) Rich. 1817
Polinizada por abejas de lengua larga (Apidae, Megachilidae), abejas de lengua corta (Halictidae) y escarabajos (Curculionidae).
Abejas de lengua larga: **Apidae:** Bombus pascuorum; **Megachilidae**: Chelostoma campanularum, Chelostoma distinctum, Chelostoma rapunculi, Megachile willughbiella, Osmia caerulescens
Abejas de lengua larga: **Halictidae**: Dufourea dentiventris, Lasioglossum laeve
Escarabajos: **Curculionidae:** Miarus ursinus.

Coeloglossum viride (L.) Hartm. 1820

Polinizada por abejas de lengua larga (Apidae), avispas (Ichneumonidae, Tenthredinidae) y escarabajos (Cantharidae, Elateridae, Melyridae, Staphilinidae)
Abejas de lengua larga: **Apidae**: Apis mellifera
Avispas: **Ichneumonidae**: Ichneumon balteatus; **Tenthredinidae**: Tenthredopsis floricola.
Escarabajos: **Cantharidae**: Cantharis rustica, Rhagonycha fulva; **Elateridae**: Cidnopus pilosus; **Melyridae**: Malachaius bipustulatus; **Staphylinidae**: Anthophagus alpinus

Corallorhiza trifida Châtel, 1760
Polinizada por moscas (Syrphidae, Empididae, Scatophagidae), abejas de lengua corta (Andrenidae, Halictidae) y avispas (Ichneumonidae)
Moscas: **Syrphidae:** Eristalis pertinax, Syrphus ribesii**; Empididae:** Empis tessellata; **Scatophagidae**: Scatophaga stercoraria.
Abejas de lengua corta: **Andrenidae:** Andrena nigroaenea; **Halictidae:** Lasioglossum calceatum
Avispas: **Ichneumonidae**: Pimpla sodalis

Cypripedium calceolus L. 1753
Polinizada por abejas de lengua corta (Andrenidae, Colletidae, Halictidae), abejas de lengua larga (Apidae), moscas (Syrphidae, Muscidae), avispas (Tenthredinidae) y escarabajos (Staphilinidae)
Abejas de lengua corta: **Andrenidae**: Andrena bicolor, Andrena bucephala, Andrena chrysosceles, Andrena cineraria, Andrena flavipes, Andrena florea, Andrena fucata, Andrena haemorrhoa, Andrena helvola, Andrena lapponica, Andrena limata, Andrena nigroaenea, Andrena nítida, Andrena praecox, Andrena scotica, Andrena subopaca, Andrena taraxaci, Andrena tibialis; **Colletidae**: Colletes cunicularius; **Halictidae**: Halictus rubicundus, Lasioglossum albipes, Lasioglossum bluethgeni, Lasioglossum calceatum, Lasioglossum fratellum, Lasioglossum fulvicorne, Lasioglossum laevigatum, Lasioglossum leucozonium, Lasioglossum marginatum, Lasioglossum morio, Lasioglossum quadrinotatum, Seladonia tumulorum
Abejas de lengua larga: **Apidae**: Apis mellifera, Bombus lapidarius, Nomada fabriciana
Moscas: **Syrphidae**: Chrysotoxum festivum, Eristalis rupium, Meliscaeva cinctella, Pipiza bimaculata, Platycheirus albimanus; **Musciadae**: Musca autumnalis
Avispas: **Tenthredinidae**: Hoplocampa crataegi
Escarabajos: **Staphylinidae**: Anthophagus alpinus

Dactyorhiza alpestris (Pugsley) Aver. 1983
Polinizada por abejas de lengua larga (Apidae)
Abejas de lengua larga: **Apidae**: Apis mellifera, Bombus lapidarius, Bombus lucorum, Bombus pascuorum, Bombus pratorum, Bombus sichelii, Bombus soroeensis, Bombus terrestris

Dactylorhiza cantabrica H.A. Pedersen 2006
Polinizada por abejas de lengua larga (Apidae, Megachilidae)
Abejas de lengua larga: **Apidae**: Anthophora aestivalis, Anthophora plumipes, Apis mellifera, Bombus hortorum, Bombus humilis, Bombus hypnorum, Bombus lapidarius, Bombus lucorum, Bombus muscorum, Bombus pascuorum, Bombus ruderarius, Bombus ruderatus, Bombus soroeensis, Bombus sylvarum, Bombus terrestris, Eucera hungarica, Eucera nigrescens, **Megachilidae:** Osmia bicolor, Osmia bicornis

Dactylorhiza caramulensis Verm. D. Tyteca 1989
Polinizada por abejas de lengua larga (Apidae), escarabajos (Cantharidae, Cerambycidae, Oedemeridae) y moscas (Syrphidae)

Abejas de lengua larga: **Apidae**: Bombus lapidarius, Bombus pascuorum, Bombus terrestris
Escarabajos: **Cantharidae**: Cantharis rustica; **Cerambycidae**: Alosterna tabacicolor, Anastrangalia dubia, Dinoptera collaris, Ruptela maculata, Stenurella melanura; **Oedemeridae**: Oedemera atrata, Oedemera nobilis, Oedemera podagrariae
Moscas**: Syrphidae:** Episyrphus balteatus

Dactylorhiza elata subsp. *elata*
Polinizada por polillas (Zygaenidae)
Polillas: **Zygaenidae**: Zygaena filipendulae

Dactylorhiza elata (Poir.) Soó subsp. *sesquipedalis* (Willd.) Sóo 1962
Polinizada por abejas de lengua larga (Apidae), escarabajos (Cerambycidae), moscas (Syrphidae, Empididae), polillas (Zygaenidae) y mariposas (Pieridae).
Abejas de lengua larga: **Apidae**: Apis mellifera, Bombus lapidarius, Bombus lucorum, Bombus pascuorum, Bombus pratorum, Bombus terrestris,
Escarabajos: **Cerambycidae**: Leptura fulva
Moscas: **Syrphidae:** Eristalis arbustorum
Polillas: **Zygaenidae**: Zygaena filipendulae
Mariposas: **Pieridae:** Aporia crataegi

Dactylorhiza ericetorum (Linton) Aver. 1982
Polinizada por abejas de lengua larga (Apidae), escarabajos (Cantharidae, Cerambycidae, Oedemeridae) y moscas (Syrphidae, Empididae)
Abejas de lengua larga: **Apidae**: Bombus lapidarius, Bombus terrestris
Escarabajos: **Cantharidae**: Cantharis rustica; **Cerambycidae**: Alosterna tabacicolor, Dinoptera collaris, Ruptela maculata, Stenurella melanura; **Oedemeridae**: Oedemera nobilis, Oedemera podagrariae
Moscas**: Syrphidae:** Episyrphus balteatus; **Empididae**: Empis tessellata

Dactylorhiza fuchsii (Druce) Soó 1962
Polinizada por abejas de lengua larga (Apidae), abejas de lengua corta (Andrenidae), escarabajos (Cantharidae, Cerambycidae, Chrysomelidae, Dascillidae, Elateridae, Oedemeridae, Scarabaeidae), moscas (Syrphidae, Empididae) y mariposas (Nymphalidae)
Abejas de lengua larga: **Apidae**: Apis mellifera, Bombus hypnorum, Bombus lapidarius, Bombus lucorum, Bombus pascuorum, Bombus pratorum, Bombus ruderatus, Bombus sylvestris, Bombus terrestris, Bombus vestalis
Abejas de lengua corta: **Andrenidae**: Andrena fucata, Andrena helvola
Escarabajos: **Cantharidae**: Cantharis rustica; **Cerambycidae:** Alosterna tabacicolor, Anastrangalia dubia, Anastrangalia sanguinolenta, Anoplodera sexguttata, Dinoptera collaris, Grammoptera atra, Judolia sexmaculata, Leptura aethiops, Leptura maculicornis, Pachytodes cerambyciformis, Stenurella bifasciata, Stenurella melanura, Ruptela maculata; **Chrysomelidae**: Plateumaris serícea; **Dascillidae**: Dascillus cervinus; **Elateridae:** Cidnopus pilosus; **Oedemeridae**: Oedemera femorata, Oedemera podagrariae, Oedemera virescens; **Scarabaeidae (Cetoniinae):** Trichius fasciatus, Trichius zonatus.
Moscas: **Syrphidae**: Eristalis arbustorum, Eristalis horticola; **Empididae**: Empis tessellata, Rhamphomyia longipes; **Stratiomyidae**: Odontomyia hydroleon
Mariposas: **Nymphalidae**: Maniola jurtina.

Dactylorhiza incarnata (L.) Soó 1962

Polinizada por abejas de lengua larga (Apidae), moscas (Syrphidae, Empididae) y escarabajos (Cantharidae, Cerambycidae, Oedemeridae)
Abejas de lengua larga: **Apidae**: Apis mellifera, Bombus humilis, Bombus lapidarius, Bombus lucorum, Bombus pascuorum, Bombus pratorum, Bombus terrestris
Moscas: **Syrphidae:** Eristalis pertinax, Volucella bombylans, Volucella pellucens; **Empididae**: Empis tessellata, Empis vitripennis
Escarabajos**: Cantharidae:** Cantharis rustica; **Cerambycidae:** Alosterna tabacicolor, Paracorymbia maculicornis, Pachytodes cerambyciformis, Ruptera maculata; **Oedemeridae**: Oedemera lurida, Oedemera nobilis

Dactylorhiza insularis (Sommier) O. Sánchez & Herrero 2005
Polinizada por abejas de lengua larga (Apidae, Megachilidae)
Abejas de lengua larga: **Apidae**: Anthophora aestivalis, Anthophora plumipes, Apis mellifera, Bombus barbutellus, Bombus hortorum, Bombus humilis, Bombus hypnorum, Bombus lapidarius, Bombus lucorum, Bombus muscorum, Bombus pascuorum, Bombus ruderarius, Bombus ruderatus, Bombus terrestris, Bombus vestalis, Eucera nigrescens, **Megachilidae:** Osmia bicornis

Dactylorhiza irenica F.M.Vázquez 2008
Polinizada por abejas de lengua larga (Apidae), escarabajos (Cantharidae, Cerambycidae, Oedemeridae), moscas (Syrphidae)
Abejas de lengua larga: **Apidae:** Bombus lapidarius, Bombus terrestris
Escarabajos: **Cantharidae**: Cantharis rustica; **Cerambycidae**: Alosterna tabacicolor, Clytus arietis, Dinoptera collaris, Ruptela maculata, Stenurella melanura; Oedemeridae: Chrysanthia viridissima, Oedemera nobilis, Oedemera podagrariae
Moscas: **Syrphidae**: Syrphus ribesii

Dactylorhiza maculata (L.) Soó 1962
Polinizada por abejas de lengua larga (Apidae), abejas de lengua corta (Halictidae), escarabajos (Cantharidae, Cerambycidae, Chrysomelidae, Dascillidae, Oedemeridae, Scarabaeidae), moscas (Syrphidae, Anthomyiidae, Empididae, Nemestrinidae, Scarophagidae), avispas (Tenthredinidae) y mariposas (Pieridae)
Abejas de lengua larga: **Apidae**: Bombus barbutellus, Bombus hortorum, Bombus muscorum, Bombus pascuorum, Bombus terrestris
Abejas de lengua corta: **Halictidae**: Lasioglossum calceatum
Escarabajos: **Cantharidae**: Cantharis rustica; **Cerambycidae**: Alosterna tabacicolor, Anastrangalia dubia, Anopledura sexguttata, Clytus arietis, Dinoptera collaris, Grammoptera atra, Judolia cerambyciformis, Ruptela maculata, Stenurella melanura; **Chrysomelidae**: Plateumaris bracata; **Dascillidae**: Dascillus cervinus; **Oedemeridae**: Chrysanthia viridissima, Oedemera atrata, Oedemera nobilis, Oedemera podagrariae; **Scarabaeidae**: Trichius fasciatus.
Moscas**: Syrphidae:** Eristalis arbustorum, Eristalis hortícola, Eristalis tenax**,** Volucella bombylans**;** **Anthoamyiidae**: Delia nigrescens, Hylemya variata; **Empididae**: Empis lívida, Empis pennipes, Empis tessellata; **Nemestrinidae**: Fallenia fasciata; **Scatophagidae**: Scatophaga stercoraria.
Avispas: **Tenthredinidae**: Tenthredopsis quadriforis
Mariposas: **Pieridae**: Pieris napi

Dactylorhiza majalis (Rchb.) Rauschert 1965
Polinizada por abejas de lengua larga (Apidae), abejas de lengua corta (Halictidae), escarabajos (Elateridae) y moscas (Empididae)

Abejas de lengua larga: **Apidae**: Apis mellifera, Bombus lucorum, Bombus pascuorum, Bombus pratorum,, Bobus ruderariu Bombus sichelii, Bombus soroeensis, Bombus terrestris, Eucera longicornis, Nomada sexfasciata
Abejas de lengua corta: **Halictidae**: Lasioglossum leucozonium
Escarabajos: **Elateridae**: Actenicerus siaelandicus
Moscas: **Empididae**: Empis tessellata

Dactylorhiza markusii (Tineo) H. Baumann Y Künkele 1981
Polinizada por abejas de lengua larga (Apidae, Megachilidae)
Abejas de lengua larga: **Apidae**: Anthophora aestivalis, Anthophora plumipes, Apis mellifera, Bombus hortorum, Bombus lapidarius, Bombus lucorum, Bombus muscorum, Bombus pascuorum, Bombus ruderarius, Bombus ruderatus, Bombus soroeensis, Bombus sylvarum, Bombus sylvestris, Bombus terrestris, Bombus vestalis, Eucera hungarica, Eucera nigrescens, **Megachilidae:** Osmia bicornis

Dactylorhiza romana (Sebast.) Soó, 1962
Polinizada por abejas de lengua larga (Apidae, Megachilidae)
Abejas de lengua larga**: Apidae:** Anthophora aestivalis, Anthophora mucida, Anthophora plumipes, Bombus humilis, Bombus lapidarius, Bombus pascuorum, Bombus ruderatus, Bombus sylvarum, Bombus sylvestris, Bombus terrestris, Eucera hungarica, Eucera nigrescens**; Megachilidae:** Osmia bicornis

Dactylorhiza sambucina (L.) Soó 1962
Polinizada por abejas de lengua larga (Apidae, Megachilidae), abejas de lengua corta (Andrenidae, Halictidae) y mariposas (Hesperiidae, Pieridae)
Abejas de lengua larga: **Apidae**: Anthophora aestivalis, Anthophora mucida, Anthophora plumipes, Apis mellifera, Bombus barbutellus, Bombus bohemicus, Bombus hortorum, Bombus humilis, Bombus hypnorum, Bombus lapidarius, Bombus lucorum, Bombus muscorum, Bombus pascuorum, Bombus ruderarius, Bombus ruderatus, Bombus soroeensis, Bombus sylvarum, Bomus sylvestris, Bombus terrestris, Bombus vestalis, Eucera hungarica, Eucera nigrescens, **Megachilidae:** Osmia bicolor, Osmia bicornis
Abejas de lengua corta: **Andrenidae:** Andrena nigroaenea; **Halictidae**: Lasioglossum leucozonium
Mariposas: **Hesperiidae**: Pyrgus malvae; **Pieridae**: Gonepteryx rhamni

Epipactis atrorubens (Hoffm.) Besser 1809
Polinizada por abejas de lengua larga (Apidae) y avispas (Vespidae)
Abejas de lengua larga: **Apidae**: Apis mellifera, Bombus lucorum, Bombus pascuorum, Bombus pratorum, Bombus terrestris
Avispas: **Vespidae**: Delta unguicullatum, Dolichovespula saxonica, Dolichovespula sylvestris, Odynerus spinipes

Epipactis bugacensis Robatsch, 1990
Polinizada por avispas (Vespidae)
Avispas**: Vespidae:** Vespula vulgaris

Epipactis cardina Benito & C. E. Hermos. 1998
Polinizada por abejas de lengua larga (Apidae) y avispas (Vespidae).
Abejas de lengua larga: **Apidae**: Apis mellifera, Bombus lapidarius, Bombus pascuorum, Bombus terrestris

Avispas: **Vespidae**: Polistes dominula, Vespula vulgaris

Epipactis distans Arv.-Touv. 1872
Polinizada por abejas de lengua larga (Apidae) y avispas (Vespidae).
Abejas de lengua larga: **Apidae**: Apis mellifera, Bombus terrestris
Avispas: **Vespidae**: Vespula vulgaris.

Epipactis duriensis Bernardos, T. Tyteca, Revuelta & Amich 2004
Polinizada por abejas de lengua larga (Apidae) y avispas (Vespidae).
Abejas de lengua larga: **Apidae**: Apis mellifera, Bombus lapidarius, Bombus lucorum, Bombus terrestris
Avispas: **Vespidae**: Dolichovespula sylvestris, Vespula vulgaris.

Epipactis exilis P. Delforge 2004
Polinizada por abejas de lengua larga (Apidae) y avispas (Vespidae).
Abejas de lengua larga: **Apidae**: Apis mellifera, Bombus terrestris
Avispas: **Vespidae**: Vespula vulgaris.

Epipactis fageticola (C.E. Hermos.) Devillers.-Tersch. & Devillers 1999
Polinizada por abejas de lengua larga (Apidae) y avispas (Vespidae).
Abejas de lengua larga: **Apidae**: Apis mellifera, Bombus lapidarius, Bombus terrestris
Avispas: **Vespidae**: Polistes gallicus

Epipectis helleborine (L.) Crantz 1769
Polinizada por abejas de lengua larga (Apidae), abejas de lengua corta (Halictidae), avispas (Vespidae), escarabajos (Cantharidae, Coccinellidae), mariposas (Pieridae), polillas (Zygenidae) y hormigas (Formicidae)
Abejas de lengua larga: **Apidae**: Apis mellifera, Bombus lapidarius, Bombus lucorum
Abejas de lengua corta: **Halictidae**: Lasioglossum calceatum
Avispas: **Vespidae**: Dolichovespula media, Dolichovespula norvegica, Dolichovespula saxonica, Dolichovespula sylvestris, Polistes bischofii, Polistes dominula, Vespa crabro, Vespula austriaca, Vespula germánica, Vespula rufa, Vespula vulgaris
Moscas: **Syrphidae:** Episyrphus balteatus. Eupeodes corollae, Paragus bicolor, Paragus tibialis, Sphaerophoria scripta, Sphaerophoria rupepellii
Escarabajos: **Cantharidae**: Rhagonycha fulva; **Coccinellidae**: Coccinella septempunctata
Mariposas: **Pieridae:** Pieris rapae
Polillas: **Zygaenidae:** Zygaena carniolica
Hormigas: **Formicidae**: Myrmica lemasnei

Epipactis kleinii M.B. Crespo, M.R. Lowe & Piera 2001
Polinizada por avispas (Vespidae) y escarabajos (Oedemeridae).
Avispas: **Vespidae**: Dolichovespula saxonica, Dolichovespula sylvestris, Polistes dominulus
Escarabajos: **Oedemeridae**: Chrysanthia viridissima

Epipactis leptochila (Godfery) Godfery 1921
Polinizada por avispas (Vespidae) y escarabajos (Oedemeridae)
Avispas: **Vespidae**: Dolichovespula saxonica, Dolichovespula sylvestris, Vespula vulgaris
Escarabajos: **Oedemeridae**: Oedemera nobilis

Epipactis lusitanica D. Tyteca 1988
Polinizada por escarabajos (Cantharidae, Oedemeridae)
Escarabajos: **Cantharidae**: Cantharis rustica; **Oedemeridae**: Oedemera nobilis

Epipactis microphylla (Ehrhart) Sw. 1800
Polinizada por escarabajos (Cantharidae)
Escarabajos: **Cantharidae**: Cantharis rustica.

Epipactis muelleri Godfery 1921
Polinizada por escarabajos (Oedemeridae).
Escarabajos: **Oedemeridae**: Chrysanthia viridissima

Epipactis palustris (L.) Crantz 1769
Polinizada por abejas de lengua larga (Apidae), abejas de lengua corta (Andrenidae, Colletidae, Halictidae), avispas (Vespidae, Crabronidae, Braconidae, Chrysididae, Ichneumonidae, Pompilidae, Tenthredinidae), escarabajos (Cantharidae, Cerambycidae, Coccinellidae, Chrysomelidae, Elateridae, Melyridae, Oedemeridae), moscas (Syrphidae, Agromyzidae, Anthomyiidae, Bombyliidae, Calliphoridae, Chloropidae, Coelopidae, Empidide, Hybotidae, Muscidae, Opomyzidae, Rhinophoridae, Sarcophagidae, Scatophagidae, Sciaridae, Stratiomyidae, Tachinidae, Tephritidae, Ulidiidae), hormigas (Formicidae), chinches de campo (Miridae) y arañas (Thomisidae).
Abejas de lengua larga: **Apidae:** Apis mellifera, Bombus lucorum, Bombus pascuorum, Bombus pratorum
Abejas de lengua corta: **Andrenidae:** Andrena bicolor, Andrena fucata, Andrena haemorrhoa; **Colletidae**: Hylaeus annulatus, Hylaeus brevicornis, Hylaeus gibbus; **Halictidae**: Lasioglossum calceatum, Lasioglossum fulvicorne, Lasioglossum morio, Lasioglossum pauxillum, Lasioglossum politum, Seladonia tumulorum, Sphecodes ephippius
Avispas: **Vespidae**: Alastor atropos, Ancistrocerus oviventris, Ancistrocerus parietinus, Dolichovespula norvegica, Dolichovespula saxonica, Dolichovespula sylvestris, Eumenes pedunculatus, Euodynerus variegatus, Polistes biglumis, Symmorphus bifasciatus, Vespula austriaca, Vespula germánica, Vespula rufa, Vespula vulgaris; **Crabronidae:** Cerceris quinquefasciata, Cerceris rybyensis, Crabro cribarius, Crossocerus elongatulus, Crossocerus podagricus, Ectemnius confinis, Ectmnius continuus, Entomognathus brevis, Gorytes quinquecinctus, Mimesa bicolor, Passaloecus insignis, Rhopalum clavipes; **Braconidae**: Chelonus carbonator; **Chrysididae**: Chrysura simplex, Holopyga inflammata; **Ichneumonidae**: Bathythrix decipiens, Cratichneumon culex, Itoplectis viduata, Pion fortipes; **Pompilidae**: Arachnospila spissa; **Tenthredinidae**: Tenthredopsis nassata
Escarabajos: **Cantharidae**: Cantharis thoracica, Rhagomycha fulva; **Cerambycidae**: Pseudovania lívida; **Coccinellidae:** Coccinella septempunctata, Propylea quatordecimpunctata; **Chrysomelidae**: Smaragdina xanthpasis; **Elateridae**: Adrastus pallens; **Melyridae:** Malachius bipustulatus; **Oedemeridae**: Nacerdes gracilis, Oedemera femorata, Oedemera nobilis
Moscas: **Syrphidae:** Chrysotoxum bicinctum, Dasysyrphus venustus, Episyrphus balteatus, Eristalis tenax, Eumerus strigatus, Eupeodes latifasciatus, Eupeodes lucasi, Helophilus pendulus, Lejogaster metallina, Melanostoma scalare, Neoascia meticulosa, Neoascia podagrica, Paragus haemorrhous, Paragus tibialis, Platycheirus scutatus, Scaeva pyrastri, Sphaerophoria scripta, Syritta pipiens, Syrphus ribesii, Syrphus torvus, Syrphus vitripennis; **Agromyzidae**: Melanagromyza aenea; **Anthomyiidae**: Botanophila brunneilinea, Delia platura, Pegoplata aestiva; **Bombyliidae**: Hemipenthes maura, Hemipenthes morio; **Calliphoridae**: Lucilia illustris, Onesia sepulchralis; **Chloropidae**: Cetema elongata, Oscinella nitidigenis; **Coelopidae**: Coelopa pilipes; **Empididae**:

Empis lívida, Rhamphomyia tibialis; **Hybotidae:** Hybos culiciformis; **Muscidae:** Morellia simplex, Phaonia laeta; **Opomyzidae:** Opomyza germinationis; **Rhinophoridae:** Rinophora lepida; **Sarcophagidae:** Sarcophaga dissimilis; **Scatophagidae:** Scatophaga stercoraria; **Sciaridae:** Sciara hemerobioides; **Sepsidae** Sepsis cynisea, Sepsis neocynipsea**; Stratiomyidae**: Chloromyia Formosa, Stratiomys singularior; **Tachinidae**: Loewia phaeoptera, Macquartia tenebricosa, Phryxe vulgaris; **Tephritidae**: Oxyna flavipennis; **Ulidiidae:** Herina fondescentiae
Hormigas: **Formicidae**: Formica cunicularia, Formica fusca, Formica polyctena, Formica rufibarbis, Lasius niger, Myrmica rubra, Myrmica ruginodes
Chinches de campo: **Miridae**: Plagiognathus arbustorum
Arañas: **Thomisidae**: Misumena vatia

Epipactis phyllanthes G.E. Sm. 1852
Polinizada por escarabajos (Oedemeridae)
Escarabajos**: Oedemeridae:** Oedemera nobilis

Epipactis provincialis Aubenas & Robatsch 1996
Polinizada por avispas (Vespidae)
Avispas: **Vespidae:** Dolichovespula saxonica

Epipactis purpurata Sm. 1828
Polinizada por abejas de lengua larga (Apidae), avispas (Vespidae) y moscas (Syrphidae)
Abejas de lengua larga: **Apidae:** Bombus pascuorum
Avispas: **Vespidae**: Dolichovespula media, Dolicovespula saxonica, Dolichovespula sylvestris, Vespula austriaca, Vespula germánica, Vespula rufa, Vespula vulgaris
Moscas: **Sayrphidae:** Eristalis tenax

Epipactis rhodanensis Gévaudan & Robatsch 1994
Polinizada por moscas (Syrphidae).
Moscas: **Syrphidae**: Episyrphus balteatus, Eupeodes corollae, Paragus albifrons, Paragus bicolor, Paragus tibialis, Sphaerophoria rueppellii, Sphaerophoria scripta

Epipactis tremolsii Pau 1914
Polinizada por abejas de lengua larga (Apidae) y avispas (Vespidae, Crabronidae).
Abejas de lengua larga: **Apidae:** Apis mellifera, Bombus lucorum, Bombus terrestris
Avispas: **Vespidae**: Ancistrocerus parietum, Dolichovespula norvegica, Dolichovespula saxonica, Dolichovespula sylvestris, Eumenes pedunculatus, Euodynerus variegatus, Polistes biglumis, Polistes dominula, Vespula austriaca, Vespula germánica, Vespula rufa, Vespula vulgaris; **Crabronidae:** Cerceris quinquefasciata, Cerceris rybyensis, Crabro cribrarius, Crossocerus elongatulus, Crossocerus podagricus

Epigonium aphyllum Sw. 1814
Polinizada por abejas de lengua larga (Apidae) y moscas (Musidae)
Abejas de lengua larga: **Apidae:** Apis mellifera, Bombus hortorum, Bombus lucorum, Bombus pascuorum, Bombus pratorum, Bombus terrestris
Moscas: **Muscidae:** Musca autumnalis

Gennaria diphylla (Link.) Parl. 1860
Polinizada por polillas (Crambidae, Geometridae, Noctuidae, Tortricidae)

Polillas: **Crambridae**: Cornifrons ulceratalis, Euchromius ocellea, Eudonia augusta, Eudonia lineola; **Geometridae**: Ascotis selenaria, Costaconvexa polygrammata, Cyclophora punctaria, Eupithecia extensaria, Gymnoscelis rufifasciata; **Noctuidae**: Agrotis segetum, Ctenuplisia limbirena, Schrankia costaestrigalis; **Tortricidae**: subsequana

Goodyera repens (L.) R. Br. 1813
Polinizada por abejas de lengua larga (Apidae), abejas de lengua corta (Halictidae) y escarabajos (Staphilinidae)
Abejas de lengua larga: **Apidae:** Apis mellifera, Bombus lapidarius, Bombus lucorum, Bombus pascuorum, Bombus pratensis, Bombus terrestris
Abejas de lengua corta: **Halictidae:** Lasioglossum morio
Escarabajos: **Staphilinidae:** Euphalerum kratzii

Gymnadenia austriaca (Teppener & E. Klein) P. Delforge 1998
Polinizada por abejas de lengua larga (Apidae), mariposas (Nymphalidae, Pieridae) y polillas (Noctuidae, Sphingidae, Zygaenidae).
Abejas de lengua larga: **Apidae**: Apis mellifera
Mariposas: **Nymphalidae**: Aglais urticae, Erebia alberganus, Erebia medusa, Vanessa cardui; **Pieridae**: Colias phicomone
Polillas: **Noctuidae**: Autographa gamma, Cerapteryx graminis; **Sphingidae**: Macroglossum stellatarum; **Zygaenidae:** Zygaena filipendulae, Zygaena purpuralis

Gymnadenia borealis (Deuce) R.M. Bateman, Pridgeon & M.W. Chase 1997
Polinizada por abejas de lengua larga (Apidae), mariposas (Nymphalidae, Pieridae), polillas (Crambidae, Geometridae, Noctuidae, Sphingidae, Zygaenidae)
Abejas de lengua larga: **Apidae:** Apis mellifera, Bombus lapidarius, Bombus pascuorum, Bombus terrestris
Mariposas: **Nymphalidae**: Aglais urticae, Argynnis aglaja, Vanessa cardui; **Pieridae**: Aporia crategi.
Polillas: **Crambridae:** Crambus perella; **Geometridae:** Aplocera plagiata; **Noctuidae**: Autographa gamma, Autographa pulchrina; **Sphingidae**: Macroglossum stellatarum; **Zygaenidae**: Zygaena filipendulae

Gymnadenia conopsea (L.) R. Br. 1813
Polinizada por abejas de lengua larga (Apidae), mariposas (Hesperiidae, Lycaenidae, Nymphalidae, Papilionidae, Pieridae), polillas (Crambidae, Geometridae, Micropterigidae, Noctuidae, Sphingidae, Zygaenidae), moscas (Syrpidae, Empididae, Tachinidae) y escarabajos (Cerambycidae)
Abejas de lengua larga: **Apidae:** Apis mellifera, Bombus pascuorum, Bombus terrestris
Mariposas: **Hesperiidae**: Ochlodes sylvanus, Pyrgus carthami, Tymelicus sylvestris; **Lycaenidae:** Plebejus idas, Polyommatus icarus; **Nymphalidae**: Aglais urticae, Argynis adipe, Argynnis aglaja, Boloria euphrosyne, Euphrydryas aurinia, Vanessa cardui; **Papilionidae**: Papilio machaon; **Pieridae**: Aporia crategi.
Polillas: **Crambridae:** Crambus perlella, Eudonia sudetica, Pyrausta despicata; **Geometridae:** Aplocera plagiata, Entephria caesiata, Siona lineata; **Noctuidae**: Autographa bractea, Autographa gamma, Autographa pulchrina, Mythimna conigera, Papestra biren, Phytometra viridaria; **Sphingidae**: Deilephela porcellus, Hemaris tytius, Hyles euphorbiae, Hyles galii, Hyles livornica, Macroglossum stellatarum, Sphinx ligustri, Sphinx pinastri; **Zygaenidae**: Adscita geryon, Adscita statites, Zygaena exulans, Zygaena filipendulae, Zygaena lonicerae, Zygaena loti, Zygaena trifolii
Moscas: **Syrphidae**: Episyrphus balteatus, Syrphus ribesii

Escarabajos: **Cerambycidae**: Grammoptera atra

Gymnadenia densiflora (Wahlenb.) A. Dietr.
Polinizada por mariposas (Hesperiidae, Lycaenidae, Nymphalidae, Papilionidae, Pieridae), polillas (Geometridae, Noctuidae, Sphingidae, Zygaenidae), moscas (Syrpidae, Empididae, Tachinidae) y escarabajos (Cerambycidae)
Mariposas: **Hesperiidae**: Ochlodes sylvanus, Tnymelicus sylvestris; **Lycaenidae:** Plebejus idas, Polyommatus icarus; **Nymphalidae**: Aglais urticae, Argynis adipe, Argynnis aglaja, Boloria euphrosyne, Euphrydryas aurinia, Maniola jurtina, Melanargia galathea, Vanessa cardui; **Papilionidae**: Papilio machaon; **Pieridae**: Aporia crategi, Pieris napi.
Polillas: **Geometridae:** Aplasta onoraria, Aplocera plagiata, Entephria caesiata, Siona lineata; **Noctuidae**: Autographa bractea, Autographa gamma, Autographa pulchrina, Mythimna conigera, Noctua pronuba, Papestra biren, Phytometra viridaria, Plusia festucae; **Sphingidae**: Deilephela porcellus, Hemaris tytius, Hyles euphorbiae, Hyles galii, Hyles livornica, Macroglossum stellatarum, Sphinx ligustri, Sphinx pinastri; **Zygaenidae**: Adscita geryon, Adscita statites, Zygaena exulans, Zygaena filipendulae, Zygaena lonicerae, Zygaena trifolii
Moscas: **Syrphidae**: Syrphus ribesii; **Empididae:** Empis lívida, Empis tessellata; **Tachinidae**: Siphona geniculata
Escarabajos: **Cerambycidae**: Paracorymba fulva

Gymnadenia conopsea var. *pyrenaica* (Philippe) Nyman, 1882
Polinizada por mariposas (Hesperiidae, Lycaenidae, Nymphalidae, Pieridae) y polillas (Geometridae, Noctuidae, Sphingidae, Zygaenidae)
Mariposas: **Hesperiidae**: Ochlodes sylvanus, Thymelicus sylvestris; **Lycaenidae:** Polyommatus icarus; **Nymphalidae**: Aglais urticae, Euphrydryas aurinia, Maniola jurtina, Vanessa cardui; **Pieridae**: Aporia crategi.
Polillas: **Geometridae:** Aplocera plagiata, Entephria caesiata, Siona lineata; **Micropterigidae**: Micropterix aureatella; **Noctuidae**: Autographa bractea, Autographa gamma, Autographa pulchrina, Mythimna conigera, Mythimna vitellina; **Sphingidae**: Deilephela porcellus, Hemaris tytius, Hyles euphorbiae, Hyles galii, Hyles livornica, Macroglossum stellatarum, Sphinx ligustri, Sphinx pinastri; **Zygaenidae**: Adscita geryon, Adscita statites, Zygaena filipendulae, Zygaena lonicerae, Zygaena trifolii

Gymnadenia gabasiana (Teppener & E. Klein) Teppener & E. Klein 1998
Polinizada por abejas de lengua larga (Apidae), mariposas (Nymphalidae) y polillas (Crambridae, Geometridae, Noctuidae, Zygaenidae) y moscas (Muscidae).
Abejas de lengua larga: **Apidae:** Apis mellifera, Bombus pascuorum, Bombus terrestris
Mariposas: **Nymphalidae**: Erebia melampus
Polillas: **Crambidae:** Crambus perlella, Diasemia reticularis; **Geometridae:** Crocota tinctaria; **Noctuidae:** Autographa gamma, Lasionycta imbecilla, Leucania comma; **Zygaenidae**: Adscita statites, Zygaena exulans, Zygaena filipendulae, Zygaena loti, Zyganea transalpina, Zygaena trifolii
Moscas: **Muscidae**: Thricops simplex

Gymnadenia nigra (L.) Rchb. f
Polinizada por polillas (Crambidae, Noctuidae, Zygaenidae), mariposas (Hesperiidae, Nymphalidae), abejas de lengua larga (Apidae) y moscas (Muscidae).
Abejas de lengua larga: **Apidae:** Apis mellifera

Polillas: **Crambidae:** Crambus perlella, Diasemia reticularis; **Noctuidae:** Autographa gamma, Chersotis ocellina, Lasionycta imbecilla, Leucania comma; **Zygaenidae**: Adscita statites, Zygaena exula, Zygaena filipendulae, Zygaena loti, Zygaena transalpina, Zugaema troolii
Mariposas: **Hesperiidae**: Pyrgus serratulae; **Nymphalidae**: Boloria euphrosyne, Melitaea athalia, Melitaea parthenoides
Moscas: **Muscidae**: Thricops simplex

*Gymnadenia odoratissima (*L.) Rich. 1817
Polinizada por mariposas (Lycaenidae), polillas (Crambidae, Geometridaae, Prodoxidae, Sesiidae, Zygaenidae) y chinches de campo (Lygaeidae).
Mariposas: **Lycaenidae:** Aricia cramera
Polillas: **Crambidae:** Catoptria pinella, Crambus perlella; **Geometridae:** Elophos dilucidaria, Entephria caesiata, Gnophos obfuscata, Odezia atrata, Perizoma obsoletata**; Noctuidae:** Lasionycta imbecilla**,** Mythimna conigera**; Prodoxidae:** Lampronia fuscatella; **Sesiidae:** Chamaesphecia empiformis**; Zygaenidae**: Adscita geryon, Zygaena lonicerae
Chinches de campo: **Lygaeidae**: Lygaeus equestris, Lygaeus simulans

Gymnadenia odoratissima subsp. *longicalcarata* C. E. Hermos. & Sabando 1996
Polinizada por mariposas (Nymphalidae) y polillas (Geometridae, Noctuidae, Zygaenidae)
Mariposas: **Nymphalidae:** Maniola jurtina
Polillas: **Geometridae:** Elophos dilucidaria, Gnophos obfuscata, Odezia atrata, Perizoma obsoletata**;** **Noctuidae:** Autographa gamma, Lasionycta imbecilla**,** Mythimna conigera, Noctua pronuba**;** **Zygaenidae**: Adscita geryon, Zygaena lonicerae, Zygaema trofolii

Himantoglossum hircimum (L.) Spreng. 1826
Polinizada por abejas de lengua larga (Apidae, Megachilidae), abejas de lengua corta (Andrenidae, Colletidae), escarabajos (Elateridae, Oedemeridae, Tenebrionidae) y avispas (Vespidae).
Abejas de lengua larga: **Apidae**: Apis mellifera, Bombus lucorum, Bombus terrestris; **Megachilidae**: Anthidium cingulatum, Anthidium loti, Coelioxys caudatus, Megachile ericetorum, Megachile lefebvrei, Megachile maritima, Megachile parietina
Abejas de lengua corta: **Andrenidae**: Andrena bicolor, Andrena carbonaria, Andrena cineraria, Andrena fulva, Andrena haemorrhoa, Andrena nigroaenea, Andrena nitida, Andrena pilipes, Andrena potentillae; **Colletidae:** Colletes cunicularius, Colletes similis
Escarabajos: **Elateridae**: Cidnopus pilosus; **Oedemeridae**: Oedemera nobilis; **Tenebrionidae**: Heliotaurus ruficollis
Avispas: **Vespidae**: Odynerus femoratus

Himantoglossum metlesicsianum (W.P. Techner) P. Delforge 1999
Polinizada por abejas de lengua larga (Apidae)
Abejas de lengua larga: **Apidae**: Apis mellifera, Bombus hortorum, Bombus lucorum, Bombus terrestris

Himantoglossum robertianum (Loisel.) P. Delforge 1999
Polinizada por abejas de lengua larga (Apidae, Megachilidae)
Abejas de lengua larga: **Apidae**: Anthophora plumipes, Bombus hortorum, Bombus lucorum, Bombus ruderatus, Bombus subterraneus, Bombus terrestris, Eucera interrupta, Eucera longicornis, Eucera nigrescens, Eucera tricincta, Xylocopa violacea; **Megachilidae**: Megachile sicula

Limodorum abortivum (L.) Sw. 1799
Polinizada por abejas de lengua larga (Apidae, Megachilidae) y abejas de lengua corta (Halictidae)
Abejas de lengua larga: **Apidae:** Anthophora dispar, Anthophora mucida, Anthophora plumipes, Bombus terrestris, Habropoda tarsata; **Megachilidae:** Anthidium manicatum, Osmia caerulescens, Rhodanthidium septemdentatum
Abejas de lengua corta: **Halictidae**: Lasioglossum bluetgheri, Lasioglossum marginatum, Lasioglossum xanthopus

Limodorum trabutianum Batt. 1886
Polinizada por abejas de lengua larga (Apidae)
Abejas de lengua larga: **Apidae:** Anthophora plumipes, Bombus terrestris,

Neotinea conica (Willd.) R.M. Bateman 2003
Polinizada por abejas de lengua larga (Apidae, Megachilidae)
Abejas de lengua larga: **Apidae:** Apis mellifera; **Megachilidae**: Osmia bicornis

Neotinea maculata (Desf.) Stearn 1975
Polinizada por abejas de lengua larga (Apidae, Megachilidae), abejas de lengua corta (Halictidae) y escarabajos (Cerambycidae, Chrysomelidae, Melyridae, Scarabaeidae)
Abejas de lengua larga: **Apidae:** Apis mellifera, Nomada fucata; **Megachilidae**: Osmia aurulenta, Osmia bicolor, Osmia bicornis, Osmia niveata
Abejas de lengua corta: **Halictidae**: Halictus patellatus
Escarabajos: **Cerambycidae**: Dinoptera collaris; **Chrysomelidae**: Spermophagus sericeus; **Melyridae**: Malachius bipustulatus; **Scarabaeidae:** Oxythyrea funesta

Neotinea tridentata
Polinizada por abejas de lengua larga (Apidae, Megachilidae), abejas de lengua corta (Andrenidae, Halictidae), moscas (Syrphidae, Sarcophagidae, Tachinidae) y escarabajos (Cerambycidae, Elateridae, Scarabaeidae).
Abejas de lengua larga: **Apidae**: Apis mellifera, Bombus hortorum, Bombus terrestris, Nomada fucata; **Megachilidae**: Osmia aurulenta, Osmia bicolor, Osmia bicornis, Osmia niveata
Abejas de lengua corta: **Andrenidae:** Andrena cineraria; **Halictidae:** Halictus patellatus, Lasioglossum calceatum
Moscas: **Syrphidae**: Eristalis pertinax; **Sarcophagidae:** Sarcophaga variegata; **Tachinidae**: Tachina magnicornis
Escarabajos: **Cerambycidae**: Dinoptera collaris; **Elateridade**: Ctenicera pecticornis; **Scarabaeidae:** Oxythyrea funesta, Valgus hemipterus

Neotinea ustulata (L.) R.M. Bateman, Prigdeon & M.W. Chase 1977
Polinizada por moscas (Syrphidae, Sarcophagidae, Tachinidae) y escarabajos (Cerambycidae, Oedemeridae)
Moscas: **Syrphidae**: Eristalis pertinax; **Sarcophagidae:** Sarcophaga variegata; **Tachinidae**: Tachina magnicornis
Escarabajos: **Cerambycidae**: Pseudovadonia lívida; **Oedemeridae**: Oedemera nobilis

Neottia cordata (L.) Rich. 1817

Polinizada por moscas (Limoniidae, Mycetophilidae, Sciaridae, Tipulidae) y avispas (Braconidae, Ichneumonidae).
Moscas: **Limoniidae**: Limnophila schranki; **Mycetophilidae**: Mycetophila Formosa; **Sciaridae:** Sciara flavimana; **Tipulidae:** Tipula oleracea
Avispas: **Braconidae**: Microgaster procera; **Ichneumonidae**: Aptesis femoralis, Cratichneumon culex, Cratichneumon flavifrons, Cratichneumon semirufus, Cratichneumon viator, Ichneumon insidiosus, Ichneumon ligatorius, Ichneumon submarginatus, Ichneumlon suspìciosus, Perilissus pallidus, Phygadeuoun cephalotes, Phygadeuon fumator, Phygadeuoun rugolosus, Rhorus neustriae, Tryphon bidentatus

Neottia nidus-avis (L.) Rich. 1817
Polinizada por moscas (Syrphidae) y hormigas (Formicidae)
Moscas: **Syrphidae**: Meliscaeva cinctella, Syrphus ribesii
Hormigas: **Formicidae**: Leptotothorax gredleri, Paratrechina longicornis

Neottia ovata (L.) Bluff & Fingerh. 1838
Abejas de lengua larga: **Apidae**: Apis mellifera
Abejas de lengua corta: **Andrenidae**: Andrena chrysosceles, Andrena haemorrhoa, Andrena nitida; **Colletidae**: Colletes cunicularius
Avispas: **Argidae**: Arge cyanocrocea, Arge pagana, Arge rustica, Arge ustulata; **Cimbicidae**: Abia fasciata; **Crabronidae**: Argogorytes mystaceus; **Ichneumonidae**: Aethecerus nitidus, Agrypon flaveolatum, Allomya debellator, Aptesis assimilis, Aptesis femoralis, Campoletis zonata, Chorinaeus longicornis, Coelichneumon impressor, Cratichneumon culex, Cratichneumon flavifrons, Cratichneumon semirufus, Cratichneumon viator, Cryptus leucocheir, Ctenochira pastoralis, Diplazon laetatorius, Dusona inermis, Endasys brevis, Ethelurgus sodalis, Exetastes illusor, Glyphicnemis vagabunda, Heteropelma amictum, Hyperbatus segmentator, Ichneumon insidiosus, Ichneumon ligatorius, Ichneumon submarginatus, Ichneumlon suspìciosus, Idiolispa analis, Limerodops subsericans, Lissonota cruentator, Mesoleptus laevigatus, Netelia lineolata, Perilissus lutescens, Perilissus pallidus, Phygadeuoun cephalotes, Phygadeuon fumator, Phygadeuoun rugulosus, Pimpla melanacrias, Rhorus femoralis, Rhorus neustriae, Symphertha antilope, Townesia tenuiventris, Trychosis pauper, Tryphon bidentatus, Tryphon nigripes, Tryphon signator, Vulgichneumon suavis; **Tenthredinidae**: Aglaostigma aucupariae, Amauronematus histrio, Claremontia brevicornis, Dolerus anticus, Dolerus bajulus, Dolerus cothurnatus, Dolerus germanicus, Dolerus gonager, Dolerus niger, Dolerus nitens, Dolerus picipes, Dolerus planatus, Dolerus vestigialis, Empria immersa, Empria pumila, Empria sexpunctata, Eutomostethus ephippium, Macrophya albicincta, Macrophya duodecimpunctata, Pachyprotasis rapae, Rhogogaster viridis, Tenthredo atra, Tenthredo crassa, Tenthredo lívida, Tenthredo olivácea, Tenthredo temula, Tenthredo vespa, Tenthredopsis nassata, Tentredopsis quadriforis
Escarabajos: **Cantharidae**: Cantharis coronata, Cantharis franciana, Cantharis instabilis, Cantharis nigra, Cantharis palliata, Cantharis paulinoi, Cantharis reichei, Cantharis xanthoporpa, Rhagonycha divisa, Ragonycha nigriceps; **Cerambycidae**: Alosterna tabacicolor, Clytus arietis, Dinoptera collaris, Grammoptera atra, Stenurella melanura, Stenurella nigra; **Chrysomelidae**: Bruchus atomarius, Bruchus loti; **Coccinellidae**: Coccinella septempunctata; **Curculionidae:** Curculio nucum; **Dascillidae:** Dascillus cervinus; **Dasytidae**: Dasytus plumbeus; **Elateridae**: Agriotes acuminatus, Athous nigricornis, Athous vittatus, Cidnopus pilosus, Ctenicera pastoralis, Dalopius marginatus, Denticollis linearis**; Melyridae:** Malachius bipustulatus**; Nitulidae:** Meligethes aeneus; **Oedemeridae:** Ischnomera cinerascens, Oedemera femorata, Oedemera nobilis, Oedemera `podagrariae, Oedemera virescens**; Orsodacnidae:** Orsodacne cerasi; **Scarabaeidae (Cetoniinae):**

Valgus hemipterus; **Scarabaeidae (Melolonthinae):** Hoplia bilineata, Hoplia coerulea; **Scraptiidae**: Anaspis frontalis
Moscas: **Syrphidae**: Cheilosia bergensammi, Melanostoma mellinum, Meliscaeva cinctella, Pipiza bimaculata; **Anthomyiidae**: Hydrophoria ruralis; **Bibionidae**: Bibio marci; **Cylindrotomidae:** Cylindrotoma distinctissima; **Empididae**: Empis decorella, Empis tessellata; **Limoniidae**: Dactylolabis sexmaculata**; Sarcophagidae**: Sarcophaga africa; **Tachinidae:** Phorocera grandis, Zophomyia temula; **Tipulidae**: Tipula luna
Hormigas: **Formicidae:** Camponotus herculeanus, Formica fusca, Formica lemani, Lasiur niger, Myrmica ruginodis
Saltamontes: **Tettigoniidae**: Pholidoptera griseoaptera
Arañas: **Thomosidae:** Misumena vatia

Ophrys algarvensis D. Tyteca, Benito & M. Walravens 2003
Polinizada por abejas de lengua larga (Apidae) y abejas de lengua corta (Colletidae).
Abejas de lengua larga: **Apidae**: Anthophora atroalba
Abejas de lengua corta: **Colletidae**: Colletes albomaculatus

Ophrys alpujata Riech. & H. Kohlmüller 2019
Polinizada por abejas de lengua corta (Andrenidae)
Abejas de lengua corta: **Andrenidae**: Andrena cinérea

Ophrys apifera Huds. 1762
Polinizada por abejas de lengua larga (Apidae)
Abejas de lengua larga: **Apidae**: Eucera longicornis

Ophrys arachnitiformis Gren. & M. Philippe 1860
Polinizada por abejas de lengua corta (Andrenidae, Colletidae)
Abejas de lengua corta: **Andrenidae:** Andrena nigroaenea, Andrena senecionis, Andrena trimmerana; **Colletidae**: Colletes cunicularius

Ophrys araneola Rchb. 1831
Polinizada por abejas de lengua corta (Andrenidae), abejas de lengua larga (Megachilidae)
Abejas de lengua corta: **Andrenidae**: Andrena combinata, Andrena lathyri
Abejas de lengua larga: **Megachilidae**: Osmia bicolor

Ophrys arnoldii P. Delforge 1999
Polinizada por abejas de lengua corta (Andrenidae)
Abejas de lengua corta: **Andrenidae**: Andrena nigroaenea

Ophrys atlantica Munby 1856
Polinizada por abejas de lengua larga (Megachilidae)
Abejas de lengua larga: **Megachilidae**: Megachile parietina

Ophrys balearica P. Delforge 1999
Polinizada por abejas de lengua larga (Megachilidae)
Abejas de lengua larga: **Megachilidae**: Megachile sicula

Ophrys battandieri E.G.Camus 1908
Polinizada por abejas de lengua corta (Andrenidae)

Abejas de lengua corta: **Andrenidae**: Andrena vetula

Ophrys bilunulata Risso 1844
Polinizada por abejas de lengua corta (Andrenidae)
Abejas de lengua corta: **Andrenidae**: Andrena flavipes, Andrena nigroaenea

Ophrys bombyliflora Link 1799
Polinizada por abejas de lengua larga (Apidae)
Abejas de lengua larga: **Apidae**: Eucera algira, Eucera gracilipes (I. Canarias), Eucera grisea, Eucera nigrescens, Eucera oraniensis

Ophrys castellana Devillers -Tersch & Devillers 1988
Polinizada por abejas de lengua corta (Andrenidae, Colletidae) y escarabajos (Oedemeridae)
Abejas de lengua corta: **Andrenidae:** Andrena schencki; **Colletidae**: Colletes cunicularius
Escarabajos: **Oedemeridae:** Oedemera podagrariae

Ophrys catalaunica O. Danesch & EW. Danesch 1972
Polinizada por abejas de lengua larga (Megachilidae)
Abejas de lengua larga: **Megachilidae:** Megachile albonotata, Megachile parietina, Megachile pyrenaica

Ophrys clara F.M. Vázquez & S. Ramon 2005
Polinizada por abejas de lengua corta (Colletidae)
Abejas de lengua corta: **Colletidae:** Colletes cunicularius

Ophrys corbariensis (J. Samuel & J.-M Lewin) Kreutz 2005
Polinizada por abejas de lengua larga (Apidae)
Abejas de lengua larga: **Apidae:** Eucera interrupta, Eucera longicornis, Eucera nigrescens

Ophrys decembris S. Moingeon & J.M. Moingeon 2011
Polinizada por abejas de lengua corta (Colletidae)
Abejas de lengua corta: **Colletidae:** Colletes cunicularius

Ophrys dianica M.R, Lowe, Piera, M.B, Crespo & J.E. Arnold 2001
Polinizada por abejas de lengua corta (Andrenidae) y abejas de lengua larga (Megachilidae)
Abejas de lengua corta: **Andrenidae**: Andrena vulpecula
Abejas de lengua larga: **Megachilidae**: Megachile albonotata

Ophrys fabrella Paulus y Ayasse ex P. Delforge 2004
Polinizada por abejas de lengua corta (Andrenidae)
Abejas de lengua corta: **Andrenidae**: Andrena fabrella

Ophrys ficalhoana J.A. Guim. 1887
Polinizada por abejas de lengua larga (Apidae)
Abejas de lengua larga: **Apidae**: Eucera dimidiata, Eucera nigrescens, Eucera nigrilabris

Ophrys forestieri (Rch. f.) Lojac. 1909
Polinizada por abejas de lengua corta (Andrenidae, Colletidae)

Abejas de lengua corta: **Andrenidae:** Andrena bicolor, Andrena flavipes, Andrena florea, Andrena nigroaenea; **Colletidae**: Colletes cunicularius

Ophrys funerea Viv. 1824
Polinizada por abejas de lengua corta (Andrenidae)
Abejas de lengua corta: **Andrenidae**: Andrena flavipes, Andrena ovatula, Andrena wilkella

Ophrys fusca Link 1799 subsp. *fusca*
Polinizada por abejas de lengua corta (Colletidae, Andrenidae) y abejas de lengua larga (Apidae)
Abejas de lengua corta: **Colletidae:** Colletes cunicularius; **Andrenidae:** Andrena flavipes, Andrena florentina, Andrena fulvicrus, Andrena haemorrhoa, Andrena nigroaenea, Andrena nigroolivacea, Andrena ovatula, Andrena similis, Andrena thoracica, Andrena trimmerana
Abejas de lengua larga: **Apidae**: Bombus subterraneus

Ophrys fusca subsp. *iricolor* (Desf.) K. Richt., 1890
Polinizada por abejas de lengua corta (Colletidae, Andrenidae) y abejas de lengua larga (Megachilidae)
Abejas de lengua corta: **Colletidae:** Colletes cunicularius; **Andrenidae:** Andrena morio
Abejas de lengua larga: **Megachilidae:** Megachile sicula

Ophrys fusca subsp. *limensis* F. M. Vázquez 2009
Polinizada por abejas de lengua corta (Colletidae)
Abejas de lengua corta: **Colletidae:** Colletes cunicularius

Ophrys incubacea Bianca ex Tod. 1842
Polinizada por abejas de lengua corta (Andrenidae) y abejas de lengua larga (Apidae)
Abejas de lengua corta: **Andrenidae**: Andrena morio
Abejas de lengua larga: **Apidae**: Melecta albifrons

Ophrys insectifera subsp. *aymonii* Breist. 1981
Polinizada por abejas de lengua corta (Andrenidae)
Abejas de lengua corta: **Andrenidae**: Andrena combinata

Ophrys insectifera L. 1753 subsp. *insectifera*
Polinizada por avispas (Crabronidae) y escarabajos (Scarabaeidae)
Avispas: **Crabronidae:** Argogorytes fargeii, Argogorytes mystaceus
Escarabajos: **Scarabaeidae**: Trichius fasciatus

Ophrys kallaikia C.E. Hermos. 2018
Polinizada por abejas de lengua corta (Andrenidae)
Abejas de lengua corta: **Andrenidae:** Andrena nitida ssp. hispaniola

Ophrys lenae M. R. Lowe & D. Tyteca 2012
Polinizada por abejas de lengua larga (Apidae)
Abejas de lengua larga: **Apidae:** Anthophora atroalba

Ophrys lucentina P. Delforge 1999
Polinizada por abejas de lengua corta (Andrenidae)

Abejas de lengua corta: **Andrenidae:** Andrena vulpécula

Ophrys lupercalis Devierllers- Tersch. & Deviller, 1994
Polinizada por abejas de lengua corta (Andrenidae)
Abejas de lengua corta: **Andrenidae**: Andrena nigroaenea

Ophrys lutea subsp. *galilaea* (H. Fleischm. & Bornm.) Soó
Polinizada por abejas de lengua corta (Andrenidae)
Abejas de lengua corta: **Andrenidae**: Andrena cinerea

Ophrys lutea Cav. 1793 subsp. *lutea*
Polinizada por abejas de lengua corta (Andrenidae)
Abejas de lengua corta: **Andrenidae**: Andrena bicolor, Andrena cinerea, Andrena humilis, Andrena nigroaenea, Andrena nigroolivacea, Andrena ovatula, Andrena senecionis, Andrena taraxaci, Andrena tibialis, Andrena trimmerana

Ophrys malacitana M.R. Lowe, I. Phillips & Paulus 2010
Polinizada por abejas de lengua corta (Colletidae)
Abejas de lengua corta: **Colletidae:** Colletes cunicularius

Ophrys marzuola (Geniez, Melki & Soca) Soca 2020
Polinizada por abejas de lengua corta (Andrenidae, Colletidae)
Abejas de lengua corta: **Andrenidae:** Andrena nigroaenea, Andrena senecionis; **Colletidae**: Colletes cunicularius

Ophrys montserratensis Cadevall 1904
Polinizada por abejas de lengua larga (Megachilidae)
Abejas de lengua larga: **Megachilidae:** Megachile parietina

Ophrys oceanica Soca 2024
Polinizada por abejas de lengua larga (Apidae)
Abejas de lengua larga: **Apidae:** Eucera interrupta, Eucera longicornis, Eucera nigrescens

Ophrys omegaifera subsp. *dyris* (Maire) Del Prete 1984
Polinizada por abejas de lengua larga (Apidae, Megachilidae) y abejas de lengua corta (Andrenidae)
Abejas de lengua larga: **Apidae**: Anthophora atriceps, Anthophora atroalba, Anthophora balearica; **Megachilidae**: Osmia bicornis
Abejas de lengua corta: **Andrenidae:** Andrena flavipes

Ophrys picta Link 1799
Polinizada por abejas de lengua larga (Apidae)
Abejas de lengua larga: **Apidae**: Eucera barbiventris, Eucera cineraria

Ophrys pintoi M. R. Lowe & D. Tyteca 2012
Abejas de lengua larga: **Apidae**: Anthophora atroalba

Ophrys quarteirae (Kreutz, M.R. Lowe & Wucherpf.) Devillers & Devillers - Tersch. 2013
Polinizada por abejas de lengua corta (Andrenidae)

Abejas de lengua corta: **Andrenidae:** Andrena cinerea

Ophrys querciphila Nicole, Hervy & Soca 2017
Polinizada por las abejas de lengua larga (Apidae)
Abejas de lengua larga**: Apidae:** Tetralonia strigata

Ophrys riojana C.E. Hermos. 1999
Polinizada por abejas de lengua corta (Andrenidae)
Abejas de lengua corta: **Andrenidae:** Andrena florea, Andrena hypopolia, Andrena limbata, Andrena nigroaenea

Ophrys santonica J.M. Mathé & Melki 1994
Polinizada por abejas de lengua larga (Apidae)
Abejas de lengua larga: **Apidae:** Tetralonia dentata

Ophrys scolopax subsp. *apiformis*
Polinizada por abejas de lengua larga (Apidae)
Abejas de lengua larga**: Apidae:** Eucera barbiventris

O*phrys scolopax* Cav. 1793 subsp. *scolopax*
Polinizada por abejas de lengua larga (Apidae)
Abejas de lengua larga**: Apidae:** Eucera barbiventris, Eucera elongatula, Eucera interrupta, Eucera longicornis, Eucera nigrescens, Eucera nigrifacies, Eucera notata

Ophrys spectabilis (Kreutz & zelesny) Paulus 2011
Polinizada por abejas de lengua larga (Apidae)
Abejas de lengua larga: **Apidae:** Eucera rufa

Ophrys speculum subsp. *lusitanica* O. Danesh & E. Danesch 1969
Polinizada por avispas (Crabronidae)
Avispas: **Crabronidae:** Argogorytes fargeii, Argogorytes mystaceus

Ophrys speculum Link 1799 subsp. *speculum*
Polinizada por avispas (Scoliidae)
Avispas: **Scoliidae**: Dasyscolia ciliata

Oprys sphegodes subsp. *atrata* (Rchb. f) O. Bolòs, 1950
Abejas de lengua corta (Andrenidae)
Abejas de lengua corta: **Andrenidae**: Andrena nigroaenea

Ophrys sphegodes subps. *aveyronensis* J.J. Wood 1983
Abejas de lengua corta (Andrenidae)
Abejas de lengua corta: **Andrenidae**: Andrena hattorfiana

Ophrys sphegodes subsp. *litigiosa* (E. G. Camus) Bech., 1925
Abejas de lengua corta (Andrenidae)
Abejas de lengua corta: **Andrenidae**: Andrena nigroaenea

Ophrys sphegodes subsp. *passionis* (Sennen) Sanz & Nuet, 1995

Polinizada por abejas de lengua corta (Andrenidae)
Abejas de lengua corta: **Andrenidae:** Andrena pilipes

Ophrys sphegodes Mill. 1768 subsp. *sphegodes*
Polinizada por abejas de lengua corta (Andrenidae)
Abejas de lengua corta: **Andrenidae:** Andrena barbilabris, Andrena bimaculata, Andrena cineraria, Andrena florea, Andrena limata, Andrena nigroaenea, Andrena thoracia

Ophrys subinsectifera C.E. Hermos. & Sabando 1996
Polinizada por avispas (Argidae)
Avispas: **Argidae:** Sterictiphora gastrica

Ophrys tenthredinifera Willd. 1805
Polinizada por abejas de lengua larga (Apidae)
Abejas de lengua larga: **Apidae:** Eucera algira**,** Eucera clypeata, Eucera dimidiata, Eucera longicornis, Eucera nigrescens, Eucera nigrilabris, Eucera notata, Eucera oraniensis, Eucera rufa, Eucera vidua

Ophrys vasconica (O. Danesh & E. Danesh) P. Delforge 1991
Polinizada por abejas de lengua corta (Andrenidae, Colletidae)
Abejas de lengua corta: **Andrenidae:** Andrena flavipes, Andrena nigroaenea, Andrena pilipes; **Colletidae**: Colletes cunicularius

Ophrys vitorica Kreutz 2007
Polinizada por abejas de lengua corta (Andrenidae)
Abejas de lengua corta: **Andrenidae:** Andrena hattorfiana

Orchis anthropophora All. 1875
Polinizada por escarabajos (Cantharidae, Cerambycidae, Elateridae, Tenebrionidae), moscas (Empididae, Syrphidae) y avispas (Argidae, Chrysididae, Tenthredinidae).
Escarabajos: **Cantharidae**: Cantharis rutisca; **Cerambycidae**: Grammoptera atra; **Elateridae**: Cidnopus pilosus; **Tenebrionidae**: Isomira murina
Moscas: **Empididae**: Empis pennipes; **Syrphidae**: Platyheirus manicatus
Avispas: **Argidae**: Arge ustulata**; Chrysididae:** Chrysis bicolor; **Tenthredinidae**: Tenthredopsis ornata
Hormigas: **Formicidae**: Formica fusca

Orchis canariensis Lindl. 1835
Polinizada por abejas de lengua larga (Apidae)
Abejas de lengua larga: **Apidae**: Anthophora alluaudi, Bombus canariensis, Eucera gracilipes, Eucera lanuginosa; **Megachilidae**: Megachile canescens

Orchis italica Poir. 1798
Polinizada por abejas de lengua larga (Apidae, Megachilidae) y escarabajos (Scarabaeidae)
Abejas de lengua larga: **Apidae**: Apis mellifera, Bombus humilis, Eucera nigrescens; **Megachilidae:** Rhodanthidium septemdentatum
Escarabajos: **Scarabaeidae:** Oxytherea funesta

Orchis lapalmensis (Leibbach & Ruedi Peter) P. Delforge 2007

Polinizada por abejas de lengua larga (Apidae)
Abejas de lengua larga: **Apidae**: Bombus canariensis

Orchis mascula subsp. *ichnusae* Corrias 1982
Polinizada por abejas de lengua larga (Apidae, Megachilidae)
Abejas de lengua larga: **Apidae:** Apis mellifera, Bombus hortorum, Bombus humilis, Bombus lapidarius, Bombus lucorum, Bombus pascuorum, Bombus pratorum, Bombus ruderarius, Bombus ruderatus, Bombus rupestris, Bombus subterraneus, Bombus sylvarum, Bombus sylvestris, Bombus terrestris, Eucera hungarica, Eucera interrupta, Eucera longicornis; **Megachilidae**: Osmia bicolor

Orchis mascula subsp. *laxifloriformis* Rivas Goday & B. Rodr. 1946 (=O. langei)
Polinizada por abejas de lengua larga (Apidae, Megachilidae)
Abejas de lengua larga: **Apidae:** Apis mellifera, Bombus lapidarius, Bombus lucorum, Bombus pascuorum, Bombus pratorum, Bombus ruderarius, Bombus ruderatus, Bombus rupestris, Bombus subterraneus, Bombus sylvarum, Bombus sylvestris, Bombus terrestris, Eucera hungarica, Eucera interrupta, Eucera longicornis; **Megachilidae**: Osmia bicolor

Orchis mascula (L.) L. 1775 subsp. *mascula*
Polinizada por abejas de lengua larga (Apidae, Megachilidae) y abejas de lengua corta (Andrenidae, Halictidae), moscas (Syrphidae, Bombyliidae, Empididae, Scatophagidae), escarabajos (Scarabaeidae Cetoniinae), polillas (Zygaenidae) y avispas (Crabronidae).
Abejas de lengua larga: **Apidae:** Apis mellifera, Bombus barbutellus, Bombus bohemicus, Bombus hortorum, Bombus humilis, Bombus lapidarius, Bombus lucorum, Bombus muscorum, Bombus pascuorum, Bombus pratorum, Bombus ruderarius, Bombus ruderatus, Bombus rupestris, Bombus subterraneus, Bombus sylvarum, Bombus sylvestris, Bombus terrestris, Bombus vestalis, Eucera hungarica, Eucera interrupta, Eucera longicornis, Nomada marshamella; **Megachilidae**: Osmia bicolor
Abejas de lengua corta: **Andrenidae:** Andrena haemorrhoa, Andrena helvola, Andrena nigroaenea, Andrena nitida; **Halictidae**: Halictus sexcinctus
Moscas: **Syrphidae**: Rhingia campestris; **Bombyliidae**: Bombylius major; **Empididae**: Empis tessellata; **Scatophagidae**: Scatophaga stercoraria
Escarabajos: **Scarabaeidae (Cetoniinae):** Cetonia aurata
Polillas: **Zygaenidae**: Zygaena transalpina
Avispas: **Crabronidae**: Argogorytes mystaceus

Orchis militaris L. 1753 subsp. *militaris*
Polinizada por abejas de lengua larga (Apidae, Megachilidae) y abejas de lengua corta (Andrenidae, Halictidae), escarabajos (Scarabaeidae Cetoniinae), mariposas (Pieridae), moscas (Syrphidae, Muscidae, Opomyzidae, Scatophagidae) y hormigas (Formicidae)
Abejas de lengua larga: **Apidae:** Anthophora aestivalis, Apis mellifera, Bombus lapidarius, Bombus lucorum, Bombus pascuorum, Bombus pratorum, Bombus terrestris, Bombus vestalis, Nomada fabriciana, Nomada ruficornis, Nomada succincta; **Megachilidae**: Hoplitis adunca, Osmia aurulenta, Osmia bicolor, Osmia bicornis
Abejas de lengua corta: **Andrenidae:** Andrena cineraria, Andrena curvungula, Andrena enslinella, Andrena hattorfiana; **Halictidae**: Halictus eurygnathus, Halictus simplex, Sphecodes ferruginatus
Escarabajos: **Scarabaeidae (Cetoniinae):** Tropinota hirta
Mariposas: **Pieridae:** Pieris brassicae, Pieris napi

Moscas: **Syrphidae**: Baccha elongata, Leucozona lucorum, Melanostoma mellinum, Platychierus scutatus, Rhingia campestris; **Muscidae**: Thricops semicinesreus; **Opomyzidae**: Opomyza germinationis; **Scatophagidae**: Scatophaga stercoraria
Hormigas: **Formicida**e: Myrmica ruginodis

Orchis olbiensis Reut. ex Gren. 1860
Polinizada por abejas de lengua larga (Apidae, Megachilidae)
Abejas de lengua larga**: Apidae:** Apis mellifera, Bombus hortorum, Bombus lapidarius, Bombus lucorum, Bombus pascuorum, Bombus pratorum, Bombus ruderarius, Bombus ruderatus, Bombus rupestris, Bombus subterraneus, Bombus sylvarum, Bombus sylvestris, Bombus terrestris, Eucera hungarica, Eucera interrupta, Eucera longicornis; **Megachilidae**: Osmia bicolor

Orchis pallens L. 1771
Polinizada por abejas de lengua larga (Apidae, Megachilidae)
Abejas de lengua larga: **Apidae:** Bombus hortorum, Bombus lapidarius, Bombus pascuorum, Bombus pratorum, Bombus sylvestris, Bombus terrestris, Eucera nigrescens, Xylocopa valga**;** **Megachilidae:** Osmia cornuta

Orchis provincialis Balv. 1806
Polinizada por abejas de lengua larga (Apidae)
Abejas de lengua larga: **Apidae:** Bombus humilis, Eucera hungarica, Eucera nigrescens

Orchis purpurea Huds. 1762 subsp. *purpurea*
Polinizada por abejas de lengua larga (Apidae, Megachilidae), abejas de lengua corta (Andrenidae, Halictidae), escarabajos (Scarabaeidae) y mariposas (Papilionidae)
Abejas de lengua larga*:* **Apidae***:* Apis mellifera, Bombus terrestris, Eucera nigrescens; **Megachilidae**: Osmia aurulenta, Osmia bicornis, Osmia caerulescens, Osmia rufohirta, Osmia viridana
Abejas de lengua corta: **Andrenidae:** Andrena dorsata, Andrena flavipes, Andrena haemorrrhoa, Andrena nitida; **Halictidae**: Halictus cochlearitarsis, Halictus confusus, Halictus patellatus, Halictus quadricinctus, Halictus senilis, Seladonia tumulorum, Lasioglossum calceatum
Escarabajos: **Scarabaeidae**: Cetonia aurata, Tropinota hirta, Tropinosa squalida
Mariposas: **Papilionidae:** Iphiclides podalirius

Orchis simia Lam. 1779 subsp. *simia*
Polinizada por abejas de lengua larga (Apidae), polillas (Sphingidae) y escarabajos (Elateridae, Glaphyridae, Scarabaeidae)
Abejas de lengua larga*:* **Apida*e:*** Apis mellifera, Eucera longicornis
Polillas: **Sphingidae:** Hemaris fuciformis
Escarabajos: **Elateridae**: Cidnopus pilosus; **Glaphyridae**: Amphicoma ibérica; **Scarabaeidae**: Tropinota hirta

Orchis spitzelii subsp. *cazorlensis* (Lacaita) D. Riveera & López Vélez, 1987
Polinizada por abejas de lengua larga (Apidae)
Abejas de lengua larga: **Apidae:** Bombus barbutellus, Bombus lapidarius, Bombus pascuorum, Bombus pratorum, Bombus terrestris

Orchis spitzelii Saut. ex W.D.J. Koch 1837 subsp. *spitzelii*
Polinizada por abejas de lengua larga (Apidae)

Abejas de lengua larga: **Apidae:** Bombus bohemicus, Bombus campestris, Bombus lapidarius, Bomus lucorum, Bombus pascuorum, Bombus rupestris,

Orchis tenera (Landwehr) Kreutz 1991
Polinizada por abejas de lengua larga (Apidae, Megachilidae)
Abejas de lengua larga**: Apidae:** Apis mellifera, Bombus hortorum, Bombus lapidarius, Bombus lucorum, Bombus pascuorum, Bombus pratorum, Bombus ruderarius, Bombus ruderatus, Bombus rupestris, Bombus subterraneus, Bombus sylvarum, Bombus sylvestris, Bombus terrestris, Eucera hungarica, Eucera interrupta, Eucera longicornis; **Megachilidae**: Osmia bicolor

Platanthera algeriensis Batt. & Trab. 1892
Polinizada por mariposas (Lycaenidae, Papilionidae) y por polillas (Geometridae, Noctuidae, Sphingidae), abejas de lengua larga (Apidae) y moscas (Calliphoridae)
Mariposas: **Lycaenidae**: Satyrium w-album; **Papilionidae:** Papilion machaon
Polillas: **Geometridae:** Aplocera plagiata, Gnophos obfuscata, Scopula ornata, Xanthorrhoea ferrugata; **Noctuidae**: Agrotis puta, Apamea furva, Autographa gamma, Hada plebeja, Noctua pronuba, Orthosia incerta; **Sphingidae:** Deilephila elpenor, Deilephila porcellus
Abejas de lengua larga**: Apidae:** Apis mellifera, Bombus lapidarius
Moscas: **Calliphoridae**: Calliphora vicina

Platanthera bifolia (L.) Rich. 1817 subsp. *bifolia*
Polinizada por mariposas (Papilionidae) y por polillas (Geometridae, Noctuidae, Sphingidae), abejas de lengua larga (Apidae) y moscas (Culicidae)
Mariposas: **Papilionidae:** Papilion machaon
Polillas; **Geometridae:** Aplocera plagiata, Campaea margaritaria, Dysstroma citrata, Gnophos furvata, Gnophos obfuscata, Hydriomena furcata, Mesoleuca albicillata, Scopula virgulata, Xanthorhoea fluctuata; **Noctuidae:** Agrotis ipsilon, Agrotis segetum, Apamea furva, Apamea monoglypha, Autographa gamma, Autographa pulchrina, Cucullia umbrática, Hada plebeja, Hadena albimacula, Hadena expectata, Hadena silenes, Noctua prónuba, Orthosia incerta, Plusia festucae, Sideridis reticulata; **Sphingidae:** Deilephila elpenor, Deilephila porcellus, Hemaris fuciformis, Hyles euphorbiae, Sphinx pinastri
Abejas de lengua larga**: Apidae:** Apis mellifera, Bombus terrestris
Moscas: **Culicidae:** Aedes communis, Aedes vexans

Platanthera clorantha Cust. ex Rchb. 1829
Polinizada por mariposas (Hesperiidae, Papilionidae), por polillas (Drepanidae, Geometridae, Noctuidae, Pyralidae, Sphingidae) y abejas de lengua larga (Apidae)
Mariposas**: Hesperiidae:** Ochlodes sylvanus; **Papilionidae**: Papilion machaon
Polillas: **Drepanidae:** Habrosyne pyritoides**; Geometridae:** Aplocera plagiata, Gnophos obfuscata, Ourapteryx sambucaria, Scopula imitaria; **Noctuidae**: Abrostola tripartita, Abrostola triplasia, Agrotis cinérea, Apamea anceps, Apamea furva, Apamea lateritia, Apamea monoglypa, Apamea sublustris, Autographa bractea, Autographa gamma, Autographa jota, Autographa pulchrina, Cucullia umbrática, Diachrysia chrysitis, Diarsia mendica, Dicharyris forcipula, Hadena albimacula, Hadena caesia, Hadena compta, Hadena perplexa, Heliothis nubigera, Macdunnoughia confusa, Noctua prónuba, Plusia festucae, Polia bombycina, Polia hepatica, Polia nebulosa, Pyrrhia umbra, Rivula sericealis, Sideridis reticulata; **Pyralidae**: Pyralis regalis; **Sphingidae**: Agrius convolvuli, Deilephila elpenor, Deilephila porcellus, Hyles gallii, Proserpinus proserpina, Sphinx ligustri, Sphinx pinastri
Abejas de lengua larga**: Apidae:** Apis mellifera, Bombus hortorum

Pseudorchis albida (l.) A. Löve & D. Löve
Polinizada por mariposas (Nymphalidae), polillas (Crambidae, Plutellidae, Pterophoridae) y moscas (Empididae)
Mariposas: **Nymphalidae:** Coenonympha pamphillus
Polillas: **Crambidae**: Crambus pascuella, Crambus perlella, Chrysoteuchia culmella, Udea uliginosallis; **Plutellidae**: Plutella xylostella; **Pterophoridae**: Hellinsia osteodactylus, Hellinsia pectodactylus
Moscas: **Empididae:** Empis bistortae, Empis tessellata

Serapias cordigera L. 1763 subsp. *cordigera*
Polinizada por abejas de lengua larga (Apidae, Megachilidae)
Abejas de lengua larga: **Apidae**: Anthophora mucida, Eucera clypeata, Eucera collaris; **Megachilidae:** Anthidium manicatum, Dioxys cincta, Hoplitis acuticornis ssp. hispanica, Hoplitis adunca, Hoplitis annulata, Hoplitis anthocopoides, Hoplitis benoisti, Hoplitis cristatula, Megachile albisecta, Megachile argentata, Megachile centuncularis, Megachile ericetorum, Megachile octosignata, Megachile pyrenaica, Megachile versicolor, Megachile willughbiella, Osmia argyropyga, Osmia aurulenta, Osmia bicolor, Osmia brevicornis, Osmia caerulescens, Osmia cephalotes, Osmia niveata, Osmia rufohirta, Osmia scutellaris, Osmia signata, Osmia submicans

Serapias lingua subsp. *duriaei* (Rchb. ex Batt.) Soó 1928
Polinizada por abejas de lengua larga (Apidae)
Abejas de lengua larga: **Apidae**: Ceratina cucurbitina

Serapias lingua L. 1753 subsp. *lingua*
Polinizada por abejas de lengua larga (Apidae) y avispas (Crabronidae)
Abejas de lengua larga: **Apidae**: Ceratina cucurbitina, Xylocopa iris
Avispas: **Crabronidae**: Gorytes quinquecinctus

Serapias maria F.M. Vázquez 2008
Polinizada por abejas de lengua larga (Apidae)
Abejas de lengua larga: **Apidae**: Eucera longicornis

Serapias nurrica Corrias 1982
Polinizada por abejas de lengua larga (Megachilidae)
Abejas de lengua larga**: Megachilidae:** Osmia bicornis

Serapias occidentalis C. Venhuis & P. Venhuis 2006
Polinizada por abejas de lengua larga (Apidae)
Abejas de lengua larga**: Apidae:** Eucera longicornis

Serapias olbia Verg. 1908
Polinizada por abejas de lengua larga (Apidae)
Abejas de lengua larga: **Apidae**: Ceratina cucurbitina

Serapias parviflora Parl. 1837
Polinizada por abejas de lengua larga (Apidae, Megachilidae)
Abejas de lengua larga**: Apidae:** Ceratina cucurbitina; **Megachilidae:** Anthidium manicatum, Megachile willughbiella

Serapias perez-chiscanoi Acedo 1990
Polinizada por abejas de lengua larga (Apidae)
Abejas de lengua larga**: Apidae:** Bombus terrestris

Serapias strictiflora Wellw. ex Veiga 1887
Polinizada por abejas de lengua larga (Apidae)
Abejas de lengua larga**: Apidae:** Eucera collaris

Serapias vomeracea Briq. 1910
Polinizada por abejas de lengua larga (Apidae, Megachilidae), abejas de lengua corta (Halictidae, Andrenidae), escarabajos (Lymexylidae, Oedemeriae, Scarabaeidae) y avispas (Chrysididae)
Abejas de lengua larga: **Apidae**: Ceratina chalybea, Eucera clypeata, Eucera collaris, Eucera longicornis, Eucera seminuda; **Megachilidae**: Anthidium cingulatum, Anthidium manicatum, Hoplitis adunca, Hoplitis lepeletieri, Megachile centuncularis, Megachile melanopyga, Megachille willughbiella, Osmia aurulenta, Osmia leaiana, Osmia niveata, Rhodanthidium septemdentatum
Abejas de lengua corta: **Halictidae:** Halictus scabiosae; **Andrenidae:** Andrena morio
Escarabajos: **Lymexylidae:** Elateroides dermestoides**; Oedemeridae**: Oedemera nobilis; **Scarabaeidae**: Hoplia philanthus, Oxythera funesta
Avispas: **Chrysididae**: Chrysura refulgens

Spiranthes aestivalis (Poir.) Rich. 1817
Polinizada por abejas de lengua larga (Apidae, Megachilidae), abejas de lengua corta (Halictidae, Colletidae), moscas (Syrphidae), mariposas (Hesperiidae, Pieridae) y polillas (Noctuidae)
Abejas de lengua larga: **Apidae**: Anthophora plumipes, Apis mellifera, Bombus pascuorum, Bombus pratorum, Bombus terrestris, Ceratina cucurbitina; **Megachilidae**: Anthidium manicatum, Megachille willughbiella, Osmia bicolor, Stelis punctulatissima
Abejas de lengua corta: **Halictidae**: Halictus simplex, Lasioglossum morio, Sphecodes gibbus; **Colletidae:** Hylaeus communis
Moscas: **Syrphidae**: Sphaerophoria scripta
Mariposas: **Hesperiidae**: Thymelicus lineola; **Nymphalidae**: Vanessa carduia; **Pieridae**: Pieris rapae
Polillas: **Noctuidae:** Syngrapha interrogationis

Spiranthes spiralis (L.) Chevall 1827
Polinizada por abejas de lengua larga (Apidae, Megachilidae) y abejas de lengua corta (Halictidae, Andrenidae), mariposas (Hesperiidae, Nymphalidae, Pieridae), polillas (Noctuidae) y moscas (Syrphidae)
Abejas de lengua larga: **Apidae**: Apis mellifera, Bombus lapidarius, Bombus pascuorum, Bombus sylvarum, Bombus terrestris; **Megachilidae**: Hoplitis adunca, Megachile parietina, Osmia bicornis
Abejas de lengua corta: **Halictidae**: Lasioglossum zonulum, Halictus simplex; **Andrenidae**: Andrena nigroaenea
Mariposas: **Hesperiidae**: Erynnis tages; **Nymphalidae**: Vanessa atalanta; **Pieridae**: Pieris brassicae
Polillas: **Noctuidae:** Syngrapha interrogationis
Moscas: **Syrphidae:** Episyrphus balbeatus

HÍBRIDOS

NOTOTAXONES INTRAGENÉRICOS

— Epipactis ×cardonneae J.M. Lewin (Epipactis atrorubens × Epipactis kleinii)
Polinizada por avispas (Vespidae)
Avispas: **Vespidae**: Dolichovespula saxonica, Dolichovespula sylvestris

— Epipactis ×vinturensis R. Martin (Epipactis atrorubens × Epipactis tremolsii)
Polinizada por avispas (Vespidae, Crabronidae)
Avispas: **Vespidae**: Dolichovespula norvegica, Dolichovespula saxonica, Dolichovespula sylvestris, Polistes biglumis, Vespula austriaca, Vespula germánica, Vespula rufa, Vespula vulgaris;

— Epipactis cardina × Epipactis distans
Polinizada por avispas (Vespidae, Crabronidae)
Avispas: **Vespidae**: Dolichovespula sylvestris

— Epipactis cardina × Epipactis helleborine
Polinizada por avispas (Vespidae, Crabronidae)
Avispas: **Vespidae**: Dolichovespula media, Dolichovespula saxonica, Dolichovespula sylvestris, Polistes bischofii, Vespa crabro, Vespula austriaca, Vespula germánica, Vespula rufa, Vespula vulgaris

— Epipactis ×conquensis B. Ayuso & C.E. Hermos. (Epipactis cardina × Epipactis kleinii)
Polinizada por avispas (Vespidae, Crabronidae)
Avispas: **Vespidae**: Dolichovespula media, Dolichovespula saxonica, Dolichovespula sylvestris, Polistes bischofii, Polistes dominula, Vespa crabro, Vespula austriaca, Vespula rufa, Vespula vulgaris

— Epipactis cardina × Epipactis provincialis
Polinizada por avispas (Vespidae)
Avispas: **Vespidae:** Dolichovespula saxonica, Vespula vulgaris

— Epipactis distans × Epipactis helleborine
Polinizada por avispas (Vespidae)
Avispas: **Vespidae**: Dolichovespula media, Dolichovespula norvegica, Dolichovespula saxonica, Dolichovespula sylvestris, Polistes dominula, Vespa crabro, Vespula austriaca, Vespula germanica, Vespula rufa, Vespula vulgaris

— Epipactis distans × Epipactis kleinii
Polinizada por avispas (Vespidae)
Avispas: **Vespidae**: Dolichovespula media, Dolichovespula saxonica

— Epipactis fageticola × Epipactis helleborine
Polinizada por avispas (Vespidae)
Avispas: **Vespidae**: Dolichovespula media, Dolichovespula norvegica, Dolichovespula saxonica, Dolichovespula sylvestris, Polistes dominula, Vespa crabro, Vespula austriaca, Vespula germanica, Vespula vulgaris

— Epipactis ×reinekei M. Bayer (Epipactis helleborine × Epipactis muelleri)
Polinizada por avispas (Vespidae)

Avispas: **Vespidae**: Dolichovespula norvegica, Dolichovespula saxonica, Dolichovespula sylvestris, Polistes dominula, Vespa crabro, Vespula germánica, Vespula rufa, Vespula vulgaris

– Epipactis helleborine × Epipactis phyllanthes
Polinizada por avispas (Vespidae)
Avispas: **Vespidae**: Dolichovespula media, Dolichovespula norvegica, Dolichovespula saxonica, Dolichovespula sylvestris, Polistes bischofii, Polistes dominula, Vespula austriaca, Vespula germánica, Vespula rufa, Vespula vulgaris

– Epipactis ×gevaudanii P. Delforge (Epipactis helleborine × Epipactis rhodanensis)
Polinizada por avispas (Vespidae)
Avispas: **Vespidae**: Dolichovespula media, Dolichovespula norvegica, Dolichovespula saxonica, Dolichovespula sylvestris, Polistes dominula, Vespula austriaca, Vespa crabro, Vespula germánica, Vespula rufa, Vespula vulgaris

- Epipactis ×populetorum B. Ayuso & C.E. Hermos. (Epipactis campeadorii × Epipactis helleborine)
Polinizada por avispas (Vespidae)
Avispas: **Vespidae**: Dolichovespula media, Dolichovespula norvegica, Dolichovespula saxonica, Dolichovespula sylvestris, Polistes dominula, Vespula austriaca, Vespa crabro, Vespula rufa, Vespula vulgaris

– Epipactis kleinii × Epipactis tremolsii
Polinizada por avispas (Vespidae).
Avispas: **Vespidae**: Dolichovespula norvegica, Dolichovespula saxonica, Dolichovespula sylvestris, Polistes biglumis, Polistes dominula, Vespula austriaca, Vespula germánica, Vespula rufa, Vespula vulgaris;

– Epipactis lusitanica × Epipactis tremolsii
Polinizada por avispas (Vespidae, Crabronidae).
Avispas: **Vespidae**: Dolichovespula norvegica, Dolichovespula saxonica, Dolichovespula sylvestris, Polistes biglumis, Polistes dominula, Vespula austriaca, Vespula germánica, Vespula rufa, Vespula vulgaris;

– Epipactis microphylla × Epipactis tremolsii
Polinizada por avispas (Vespidae).
Avispas: **Vespidae**: Dolichovespula norvegica, Dolichovespula saxonica, Dolichovespula sylvestris, Eumenes papillarius, Euodynerus fastidiosus, Polistes biglumis, Polistes dominula, Vespula austriaca, Vespula rufa, Vespula vulgaris;

– Epipactis phyllanthes × Epipactis rhodanensis
Polinizada por avispas (Vespidae).
Avispas: **Vespidae**: Vespula vulgaris.

– Epipactis rhodanensis × Epipactis kleinii
Polinizada por avispas (Vespidae).
Avispas: **Vespidae**: Dolichovespula sylvestris

- Epipactis campeadorii × Epipactis parviflora
Polinizada por avispas (Vespidae).
Avispas: **Vespidae**: Vespula rufa

— Platanthera ×hybrida Brügger (Platanthera bifolia × Platanthera chlorantha)
Polinizada por polillas (Noctuidae, Sphingidae)
Noctuidae: Abrostola asclepiadis, Abrostola tripartita, Abrostola triplasia, Agrotis bigramma, Agrotis cinerea, Agrotis fatidica, Agrotis ipsilon, Agrotis lata, Agrotis obesa, Agrotis puta, Apamea anceps, Apamea furva, Apamea lateritia, Apamea monoglypa, Apamea sublustris, Autographa bractea, Autographa gamma, Autographa jota, Autographa pulchrina, Cucullia lucifuga, Cucullia umbratica, Diachrysia chrysitis, Diarsia mendica, Dicharyris forcipula, Hadena albimacula, Hadena caesia, Hadena compta, Hadena confusa, Hadena luteocincta, Hadena perplexa, Hadena sancta, Heliothis nubigera, Macdunnoughia confusa, Noctua comes, Noctua fimbriata, Noctua interjecta. Noctua janthe, Noctua janthina, Noctua pronuba, Plusia festucae, Polia bombycina, Polia hepatica, Polia bombycina, Polia hepatica, Polia nebulosa, Polia sagittigera, Pyrrhia umbra, Rivula sericealis, Sideridis reticulata; **Sphingidae:** Deilephila elpenor, Deilephila porcellus, Hemaris fuciformis, Hyles euphorbiae, Sphinx pinastri

— Gymnadenia conopsea × Gymnadenia densiflora
Polinizada por mariposas (Hesperiidae, Lycaenidae, Nymphalidae, Papilionidae, Pieridae) y por polillas (Crambidae, Geometridae, Micropterigidae, Noctuidae, Pterophoridae Pyralidae, Sphingidae, Zygaenidae)
Mariposas: **Hesperiidae**: Ochlodes sylvanus, Thymelicus lineola, Thymelicus sylvestris; **Lycaenidae:** Lycaena phlaeas, Plebejus idas, Polyommatus icarus; **Nymphalidae**: Aglais urticae, Argynis adipe, Argynnis aglaja, Boloria euphrosyne, Euphrydryas aurinia, Manola jurtina, Vanessa cardui; **Papilionidae**: Papilio machaon; **Pieridae**: Aporia crategi, Pieris rapae.
Polillas: **Crambridae:** Crambus perlella; **Geometridae:** Aplocera plagiata, Entephria caesiata, Heliothea discoidaria, Siona lineata; **Noctuidae**: Autographa aemula, Autographa bractea, Autographa gamma, Autographa jota, Autographa pulchrina, Mythimna conigera, Mythimna prominens, Mythimna sicula, Mythimna turca, Mythimna unipuncta, Mythimna vitellina, Papestra biren, Phytometra viridaria; **Sphingidae**: Deilephela porcellus, Hemaris tytius, Hyles euphorbiae, Hyles galii, Hyles livornica, Macroglossum stellatarum, Sphinx ligustri, Sphinx pinastri; **Zygaenidae**: Adscita geryon, Adscita statites, Zygaena exulans, Zygaena filipendulae, Zygaena lonicerae, Zygaena loti, Zygaena trifolii

— Gymnadenia conopsea × Gymnadenia gabasiana
Polinizada por mariposas (Hesperiidae, Lycaenidae, Nymphalidae, Papilionidae, Pieridae) y polillas (Crambridae, Geometridae, Noctuidae, Sphingidae, Zygaenidae)
Mariposas: **Hesperiidae**: Ochlodes sylvanus, Tymelicus sylvestris; **Lycaenidae:** Plebejus idas, Polyommatus icarus; **Nymphalidae**: Aglais urticae, Vanessa cardui; **Papilionidae**: Papilio machaon; **Pieridae**: Aporia crategi.
Polillas: **Crambridae:** Pyrausta despicata; **Geometridae:** Aplocera plagiata, Entephria caesiata, Myinodes interpunctaria, Siona lineata; **Noctuidae**: Autographa bractea, Autographa gamma, Autographa jota, Autographa pulchrina, Mythimna congrua, Mythimna conigera, Mythimna l-album, Mythimna langida, Mythimna pudorina, Papestra biren, Phytometra viridaria; **Sphingidae**: Deilephela porcellus, Hemaris tytius, Hyles euphorbiae, Hyles galii, Hyles livornica, Macroglossum stellatarum, Sphinx ligustri, Sphinx pinastri; **Zygaenidae**: Adscita geryon, Adscita statites, Zygaena exulans, Zygaena filipendulae, Zygaena lonicerae, Zygaena loti, Zygaena trifolii

- Gymnadenia ×pyrenaeensis Foelsche; ×Gymnigritella pyrenaica C.E. Hermosilla & Sabando
Polinizada por mariposas (Hesperiidae, Nymphalidae, Pieridae) y polillas (Geometridae, Noctuidae, Sphingidae, Zygaenidae)

Mariposas: **Hesperiidae**: Ochlodes sylvanus, Tymelicus sylvestris; **Lycaenidae:** Polyommatus icarus; **Nymphalidae**: Aglais urticae, Maniola jurtina, Vanessa cardui; **Papilionidae**: Papilio machaon; **Pieridae**: Aporia crategi, Pieris brassicae.
Polillas: **Geometridae:** Entephria caesiata, Eupithecia alliaria, Eupithecia extensaria, Myinodes interpunctaria, Siona lineata; **Noctuidae**: Autographa bractea, Autographa gamma, Autographa jota, Autographa jota, Autographa pulchrina, Mythimna congrua, Mythimna conigera, Mythimna l-album, Mythimna langida, Mythimna pudorina, Mythimna vitellina, Papestra biren, Phytometra viridaria; **Sphingidae**: Deilephela porcellus, Hemaris tytius, Hyles euphorbiae, Hyles galii, Hyles livornica, Macroglossum stellatarum, Sphinx ligustri, Sphinx pinastri; **Zygaenidae**: Adscita geryon, Adscita statites, Zygaena exulans, Zygaena filipendulae, Zygaena lonicerae, Zygaena loti, Zygaena purpuralis, Zygaena sarpedon, Zygaena trifolii

– Gymnadenia ×intermedia Peterm. (Gymnadenia conopsea × Gymnadenia odoratissima)
Polinizada por mariposas (Hesperiidae, Nymphalidae, Pieridae) y polillas (Geometridae, Noctuidae, Sphingidae, Zygaenidae)
Mariposas: **Hesperiidae**: Ochlodes sylvanus, Tymelicus sylvestris; **Lycaenidae:** Polyommatus icarus; **Nymphalidae**: Aglais urticae, Melithaea athalia, Vanessa cardui; **Pieridae**: Aporia crategi, Pieris brassicae.
Polillas: **Geometridae:** Entephria caesiata, Eupithecia centaurata, Eupithecia dodoneata, Idaea aversata, Myinodes interpunctaria, Siona lineata; **Noctuidae**: Autographa bractea, Autographa gamma, Autographa jota, Autographa jota, Autographa pulchrina, Mythimna congrua, Mythimna conigera, Mythimna l-album, Mythimna langida, Mythimna pudorina, Mythimna vitellina, Noctua prónuba, Papestra biren, Phytometra viridaria; **Sphingidae**: Deilephela porcellus, Hemaris tytius, Hyles euphorbiae, Hyles galii, Hyles livornica, Macroglossum stellatarum, Sphinx ligustri, Sphinx pinastri; **Zygaenidae**: Adscita geryon, Adscita statites, Zygaena exulans, Zygaena filipendulae, Zygaena lonicerae, Zygaena loti, Zygaena purpuralis, Zygaena sarpedon, Zygaena trifolii

– Gymnadenia conopsea × Gymnadenia pyrenaica
Polinizada por mariposas (Hesperiidae, Nymphalidae, Pieridae) y polillas (Geometridae, Noctuidae, Sphingidae, Zygaenidae)
Mariposas: **Hesperiidae**: Ochlodes sylvanus, Thymelicus lineola, Tymelicus sylvestris; **Lycaenidae:** Lycaena phlaeas, Polyommatus icarus; **Nymphalidae**: Aglais urticae, Coenonimpha pamphilus, Maniola jurtina, Vanessa cardui; **Pieridae**: Aporia crategi, Pieris napi, Pieris rapae.
Polillas: **Geometridae:** Apamea furva, Eupithecia graphata, Idaea biselata, Idaea biselata, Myinodes interpunctaria, Siona lineata; **Noctuidae**: Autographa bractea, Autographa gamma, Autographa jota, Autographa jota, Autographa pulchrina, Mythimna l-album, Mythimna langida, Mythimna pudorina, Mythimna unipunctata, Mythimna vitellina, Papestra biren, Phytometra viridaria; **Sphingidae**: Deilephela porcellus, Hemaris tytius, Hyles euphorbiae, Hyles galii, Hyles livornica, Macroglossum stellatarum, Sphinx ligustri, Sphinx pinastri; **Zygaenidae**: Adscita geryon, Adscita statites, Zygaena exulans, Zygaena filipendulae, Zygaena lonicerae, Zygaena loti, Zygaena trifolii, Zygaena viciae

- Gymnadenia ×proxima C.E. Hermos. (Gymnadenia conopsea × Gymnadenia odoratissima subsp. longicalcarata)
Polinizada por mariposas (Hesperiidae, Nymphalidae, Pieridae) y polillas (Geometridae, Noctuidae, Sphingidae, Zygaenidae)
Mariposas: **Hesperiidae**: Ochlodes sylvanus, Thymelicus lineola, Tymelicus sylvestris; **Lycaenidae:** Lycaena phlaeas, Polyommatus icarus; **Nymphalidae**: Aglais urticae, Coenonimpha pamphilus, Maniola jurtina, Vanessa cardui; **Pieridae**: Aporia crategi, Pieris napi, Pieris rapae.

Polillas: **Geometridae:** Apamea furva, Eupithecia graphata, Idaea biselata, Idaea biselata, Myinodes interpunctaria, Siona lineata; **Noctuidae**: Autographa bractea, Autographa gamma, Autographa jota, Autographa jota, Autographa pulchrina, Mythimna l-album, Mythimna langida, Mythimna pudorina, Mythimna unipunctata, Mythimna vitellina, Papestra biren, Phytometra viridaria; **Sphingidae**: Deilephela porcellus, Hemaris tytius, Hyles euphorbiae, Hyles galii, Hyles livornica, Macroglossum stellatarum, Sphinx ligustri, Sphinx pinastri; **Zygaenidae**: Adscita geryon, Adscita statites, Zygaena exulans, Zygaena filipendulae, Zygaena lonicerae, Zygaena loti, Zygaena trifolii, Zygaena viciae

— Gymnadenia densiflora × Gymnadenia pyrenaica
Polinizada por mariposas (Hesperiidae, Nymphalidae, Pieridae) y polillas (Geometridae, Noctuidae, Sphingidae, Zygaenidae)
Mariposas: **Hesperiidae**: Ochlodes sylvanus, Thymelicus lineola, Tymelicus sylvestris; **Lycaenidae:** Lycaena phlaeas, Polyommatus icarus; **Nymphalidae**: Aglais urticae, Coenonimpha pamphilus, Maniola jurtina, Vanessa cardui; **Pieridae**: Aporia crategi, Pieris napi, Pieris rapae.
Polillas: **Geometridae:** Apamea furva, Eupithecia graphata, Idaea biselata, Idaea biselata, Myinodes interpunctaria, Siona lineata; **Noctuidae**: Autographa bractea, Autographa gamma, Autographa jota, Autographa jota, Autographa pulchrina, Mythimna l-album, Mythimna langida, Mythimna pudorina, Mythimna unipunctata, Mythimna vitellina, Papestra biren, Phytometra viridaria; **Sphingidae**: Deilephela porcellus, Hemaris tytius, Hyles euphorbiae, Hyles galii, Hyles livornica, Macroglossum stellatarum, Sphinx ligustri, Sphinx pinastri; **Zygaenidae**: Adscita geryon, Adscita statites, Zygaena exulans, Zygaena filipendulae, Zygaena lonicerae, Zygaena loti, Zygaena trifolii, Zygaena viciae

-Gymnadenia ×sabandoi C.E. Hermos. (Gymnadenia densiflora × Gymnadenia odoratissima subsp. longicalcarata)
Polinizada por mariposas (Hesperiidae, Nymphalidae, Pieridae) y polillas (Geometridae, Noctuidae, Sphingidae, Zygaenidae)
Mariposas: **Hesperiidae**: Ochlodes sylvanus, Thymelicus lineola, Tymelicus sylvestris; **Lycaenidae:** Lycaena phlaeas, Polyommatus icarus; **Nymphalidae**: Aglais urticae, Coenonimpha pamphilus, Maniola jurtina, Vanessa cardui; **Pieridae**: Aporia crategi, Pieris napi, Pieris rapae.
Polillas: **Geometridae:** Apamea furva, Eupithecia graphata, Idaea biselata, Idaea biselata, Myinodes interpunctaria, Siona lineata; **Noctuidae**: Autographa bractea, Autographa gamma, Autographa jota, Autographa jota, Autographa pulchrina, Mythimna l-album, Mythimna langida, Mythimna pudorina, Mythimna unipunctata, Mythimna vitellina, Papestra biren, Phytometra viridaria; **Sphingidae**: Deilephela porcellus, Hemaris tytius, Hyles euphorbiae, Hyles galii, Hyles livornica, Macroglossum stellatarum, Sphinx ligustri, Sphinx pinastri; **Zygaenidae**: Adscita geryon, Adscita statites, Zygaena exulans, Zygaena filipendulae, Zygaena lonicerae, Zygaena loti, Zygaena trifolii, Zygaena viciae

— Dactylorhiza alpestris × Dactylorhiza fuchsii; Dactylorhiza ×sooi (Ruppert ex Soó) Soó
Polinizada por abejorros. Bombus lapidarius, Bombus pascuorum, Bombus terrestris.

— Dactylorhiza caramulensis × Dactylorhiza ¿saccifera?
Polinizada por abejorros. Bombus lapidarius, Bombus pascuorum, Bombus terrestris.

— Dactylorhiza elata × Dactylorhiza ericetorum ¿?
Polinizada por abejorros. Bombus lapidarius, Bombus pascuorum, Bombus terrestris.

— Dactylorhiza ×hjerstonii P.P. Ferrer, Lozano, Roselló, Feliu & Peña (Dactylorhiza elata × Dactylorhiza fuchsii)
Polinizada por abejorros. Bombus lapidarius, Bombus pascuorum, Bombus terrestris.

— Dactylorhiza ×dubreuilhii (G. Keller & Jeanj.) Soó (Dactylorhiza elata × Dactylorhiza incarnata)
Polinizada por abejorros. Bombus lapidarius, Bombus pascuorum, Bombus terrestris.

— Dactylorhiza ×perez-chiscanoi F.M. Vázquez (Dactylorhiza elata × Dactylorhiza ¿irenica?)
Polinizada por abejorros. Bombus lapidarius, Bombus pascuorum, Bombus terrestris.

—; Dactylorhiza ×delamainii Keller & Stephenson (Dactylorhiza elata × Dactylorhiza maculata)
Polinizada por abejorros. Bombus lapidarius, Bombus pascuorum, Bombus terrestris.

— Dactylorhiza elata × Dactylorhiza majalis
Polinizada por abejorros. Bombus lapidarius, Bombus pascuorum, Bombus terrestris.

— Dactylorhiza ¿elodes? × Dactylorhiza ¿ purpurella?
Polinizada por abejorros. Bombus lapidarius, Bombus pascuorum, Bombus terrestris.

— Dactylorhiza fuchsii × Dactylorhiza incarnata; Dactylorhiza ×wirtgenii Höppner; Dactylorhiza ×kerneriorum (Soó) Soó
Polinizada por abejorros. Bombus lapidarius, Bombus pascuorum, Bombus terrestris.

— Dactylorhiza fuchsii × Dactylorhiza maculata; Dactylorhiza ×transiens (Druce) Soó (ut Dactylorhiza ericetorum × Dactylorhiza fuchsii)

Polinizada por abejorros. Bombus lapidarius, Bombus pascuorum, Bombus terrestris.

— Dactylorhiza fuchsii × Dactylorhiza majalis; Dactylorhiza ×braunii (Halácsy) Borsos & Soó — Dactylorhiza guimaraesi × Dactylorhiza sambucina ¿? (ut Dactylorhiza markusii × Dactylorhiza sambucina)

Polinizada por abejorros. Bombus lapidarius, Bombus pascuorum, Bombus terrestris.

— Dactylorhiza incarnata × Dactylorhiza maculata; Dactylorhiza ×carnea (E.G. Camús) Soó; Dactylorhiza ×maculatiformis Rouy; Dactylorhiza ×ambigua Kern.; Dactylorhiza claudiopolitana (Simonk.) Borsos & Soó
Polinizada por abejorros. Bombus lapidarius, Bombus pascuorum, Bombus terrestris.

— Dactylorhiza incarnata × Dactylorhiza majalis; Dactylorhiza ×aschersoniana (Hausskn.) Borsos & Soó; Dactylorhiza ×pseudotransteuneri Fuchs; Dactylorhiza ×gennachensis Fuchs; Dactylorhiza ×koningweeniana Fuchs; Dactylorhiza ×eifliaca Fuchs; Dactylorhiza ×pseudojunialis R. Doll

Polinizada por abejorros. Bombus lapidarius, Bombus pascuorum, Bombus terrestris.

— Dactylorhiza insularis × Dactylorhiza sambucina; Dactylorhiza ×cantabrica H.A. Pedersen
Polinizada por abejorros. Bombus lapidarius, Bombus pascuorum, Bombus terrestris.

— Dactylorhiza maculata × Dactylorhiza majalis; Dactylorhiza ×dinglensis (Wilmott) Soó; Dactylorhiza ×vermeuleniana Soó
Polinizada por abejorros. Bombus lapidarius, Bombus pascuorum, Bombus terrestris.

— Orchis canariensis × Orchis lapalmensis; Orchis ×reginae Leibbach & Ruedi Peter
Polinizada por abejorros. Bombus canariensis.

— Orchis cazorlensis × Orchis langei; Orchis ×incantata P. Delforge
Polinizada por abejorros. Bombus lapidarius, Bombus pascuorum, Bombus terrestris.

— Orchis cazorlensis × Orchis mascula
Polinizada por abejorros. Bombus lapidarius, Bombus pascuorum, Bombus terrestris.

— Orchis champagneuxii × Orchis collina; Orchis ×semisaccata E.G. Camús; Orchis ×semichampagneuxii E.G. Camús; Orchis ×rainei Rouy pro sp.
Polinizada por abejorros. Bombus lapidarius, Bombus pascuorum, Bombus terrestris.

— Orchis champagneuxii × Orchis coriophora
Polinizada por la abeja de la miel y abejorros. Planta nectarífera. Apis mellifera,, Bombus lapidarius, Bombus pascuorum, Bombus terrestris.

— Orchis champagneuxii × Orchis fragrans

Polinizada por la abeja de la miel y abejorros. Planta nectarífera. Apis mellifera,, Bombus lapidarius, Bombus pascuorum, Bombus terrestris.

– Orchis champagneuxii × Orchis laxiflora; Anacamptis ×rayyana Robles, Quintana & Becerra
Polinizada por abejorros. Bombus lapidarius, Bombus pascuorum, Bombus terrestris.
– Orchis champagneuxii × Orchis morio; Orchis ×romerae Hervás

Polinizada por abejorros. Bombus lapidarius, Bombus pascuorum, Bombus terrestris.

– Orchis champagneuxii × Orchis olbiensis; Orchis ×mezquitensis Pallarés
Polinizada por abejorros. Bombus lapidarius, Bombus pascuorum, Bombus terrestris.

– Orchis champagneuxii × Orchis papilionacea; Orchis ×subpapilionacea R. Lopes
Polinizada por abejorros. Bombus lapidarius, Bombus pascuorum, Bombus terrestris.

– Orchis champagneuxii × Orchis picta; Orchis ×albertii A. Camús
Polinizada por abejorros. Bombus lapidarius, Bombus pascuorum, Bombus terrestris.

– Orchis collina × Orchis morio; Orchis ×murgiana (Medagli, D'Emerico, Ruggiero & Bianco) De Bellard, Hervás, Huertas & Reyes
Polinizada por abejorros. Bombus lapidarius, Bombus pascuorum, Bombus terrestris.

– Orchis collina × Orchis olbiensis
Polinizada por abejorros. Bombus lapidarius, Bombus pascuorum, Bombus terrestris.

– Orchis collina × Orchis papilionacea; Orchis ×dulukae Hautz.; Orchis ×dafnii R. Luz & W. Schdmit

Polinizada por abejorros. Bombus lapidarius, Bombus pascuorum, Bombus terrestris.

– Orchis conica × Orchis italica; Orchis ×diversifolia Gaudagno
Polinizada por abejorros. Bombus lapidarius, Bombus pascuorum, Bombus terrestris.

– Orchis coriophora × Orchis morio; Orchis ×olida Bréb.; Orchis ×cimicina Bréb.
Polinizada por la abeja de la miel y abejorros. Planta nectarífera. Apis mellifera,, Bombus lapidarius, Bombus pascuorum, Bombus terrestris.

– Orchis coriophora × Orchis purpurea; Orchis ×celtiberica Pau
Polinizada por la abeja de la miel y abejorros. Planta nectarífera. Apis mellifera,, Bombus lapidarius, Bombus pascuorum, Bombus terrestris.

— Orchis fragrans × Orchis laxiflora; Orchis ×bicknellii E.G. Camús, Bergon & A. Camús; Orchis ×parvifolia Chaub.
Polinizada por la abeja de la miel y abejorros. Planta nectarífera. Apis mellifera,, Bombus lapidarius, Bombus pascuorum, Bombus terrestris.

— Orchis fragrans × Orchis papilionacea; Orchis ×menosii C. Bernard & G. Fabre

Polinizada por la abeja de la miel y abejorros. Planta nectarífera. Apis mellifera,, Bombus lapidarius, Bombus pascuorum, Bombus terrestris.

— Orchis fragrans × Orchis picta; Orchis ×pauliana Malinvaud; Orchis ×darcisii Murr
Polinizada por la abeja de la miel y abejorros. Planta nectarífera. Apis mellifera,, Bombus lapidarius, Bombus pascuorum, Bombus terrestris.

— Orchis fragrans × Orchis robusta; Orchis ×albuferensis R.M. Bateman & Hollingsworth
Polinizada por la abeja de la miel y abejorros. Planta nectarífera. Apis mellifera,, Bombus lapidarius, Bombus pascuorum, Bombus terrestris.

— Orchis italica × Orchis purpurea; Orchis ×caesii De Angelis & Fumante

Polinizada por abejorros. Bombus lapidarius, Bombus pascuorum, Bombus terrestris.

— Orchis langei × Orchis morio
Polinizada por abejorros. Bombus lapidarius, Bombus pascuorum, Bombus terrestris.

— Orchis langei × Orchis olbiensis; Orchis ×serraniana P. Delforge
Polinizada por abejorros. Bombus lapidarius, Bombus pascuorum, Bombus terrestris.

— Orchis langei × Orchis provincialis; Orchis ×navarrensis Amardeilh
Polinizada por abejorros. Bombus lapidarius, Bombus pascuorum, Bombus terrestris.

— Orchis langei × Orchis tenera
Polinizada por abejorros. Bombus lapidarius, Bombus pascuorum, Bombus terrestris.

— Orchis laxiflora × Orchis mascula; Orchis ×hispanica A. Nieschalk & C. Nieschalk
Polinizada por abejorros. Bombus lapidarius, Bombus pascuorum, Bombus terrestris.

— Orchis laxiflora × Orchis morio; Orchis ×alata Fleury
Polinizada por abejorros. Bombus lapidarius, Bombus pascuorum, Bombus terrestris.

– Orchis laxiflora × Orchis picta
Polinizada por abejorros. Bombus lapidarius, Bombus pascuorum, Bombus terrestris.

– Orchis mascula × Orchis morio; Orchis ×vilmsii Camús; Orchis ×morioides Brand
Polinizada por abejorros. Bombus lapidarius, Bombus pascuorum, Bombus terrestris.

– Orchis mascula × Orchis pallens; Orchis ×loreziana Bruegg.; Orchis ×haussknechtii M. Schulze
Polinizada por abejorros. Bombus lapidarius, Bombus pascuorum, Bombus terrestris.

– Orchis mascula × Orchis provincialis; Orchis ×peuzegiana A. Camús & E.G. Camús
Polinizada por abejorros. Bombus lapidarius, Bombus pascuorum, Bombus terrestris.

– Orchis mascula × Orchis tenera
Polinizada por abejorros. Bombus lapidarius, Bombus pascuorum, Bombus terrestris.

– Orchis militaris × Orchis purpurea; Orchis ×hybrida Boenningh ex Rchb. fil.; Orchis ×jacquinii Godr.; Orchis ×dubia E.G. Camús

Polinizada por abejorros. Bombus lapidarius, Bombus pascuorum, Bombus terrestris.

– Orchis militaris × Orchis simia; Orchis ×beyrichii Kern.; Orchis ×grenieri E.G. Camús; Orchis ×chatinii E.G. Camús; Orchis ×decipiens E.G. Camús; Orchis ×propinqua E.G. Camús & Bergon
Polinizada por abejorros. Bombus lapidarius, Bombus pascuorum, Bombus terrestris.

– Orchis morio × Orchis papilionacea; Orchis ×gennarii Rchb. fil.; Orchis ×debeauxii E.G. Camús ; Orchis ×decipiens Bianca
Polinizada por abejorros. Bombus lapidarius, Bombus pascuorum, Bombus terrestris.

– Orchis morio × Orchis picta; Orchis ×heraclea Verg.
Polinizada por abejorros. Bombus lapidarius, Bombus pascuorum, Bombus terrestris.

– Orchis olbiensis × Orchis tenera
Polinizada por abejorros. Bombus lapidarius, Bombus pascuorum, Bombus terrestris.

– Orchis papilionacea × Orchis picta; Orchis ×pseudopicta E.G. Camús, Bergon & A. Camús; Orchis ×pseudorubra Freyn ; Orchis ×yvesii Verg.; Orchis ×orientecaucasica B. Baumann, H. Baumann, R. Lorenz & R. Peter
Polinizada por abejorros. Bombus lapidarius, Bombus pascuorum, Bombus terrestris.

— Orchis provincialis × Orchis tenera
Polinizada por abejorros. Bombus lapidarius, Bombus pascuorum, Bombus terrestris.

— Orchis purpurea × Orchis simia; Orchis ×angusticruris Franch. ex Rouy; Orchis ×franchetii E.G. Camús; Orchis ×weddellii Franch; Orchis ×digenea Tourlet; Orchis ×gelmiana Dalla Torre & Sarnth.
Polinizada por abejorros. Bombus lapidarius, Bombus pascuorum, Bombus terrestris.

— Serapias cordigera × Serapias lingua; Serapias ×ambigua Rouy
Polinizada por Eucera clypeata, Eucera collaris;

— Serapias cordigera × Serapias maria; Serapias ×occidentalis C. Venhuis & P. Venhuis
Polinizada por Eucera clypeata, Eucera collaris;

— Serapias cordigera × Serapias parviflora; Serapias ×rainei E.G. Camús, Bergon & A. Camús; Serapias ×alfredii Briq.
Polinizada por Eucera clypeata, Eucera collaris;

— Serapias cordigera × Serapias perez-chiscanoi
Polinizada por Eucera clypeata, Eucera collaris;

— Serapias cordigera × Serapias strictiflora
Polinizada por Eucera clypeata, Eucera collaris;

— Serapias cordigera × Serapias vomeracea; Serapias ×kelleri A. Camús
Polinizada por Eucera clypeata, Eucera collaris;

— Serapias lingua × Serapias maria; Serapias ×liana F.M. Vázquez, A. Sánchez & G. Alonso

Polinizada por Eucera clypeata, Eucera collaris;

— Serapias lingua × Serapias parviflora; Serapias ×todaroi Tineo; Serapias ×semilingua E.G. Camús, Bergon & A. Camús
Polinizada por Eucera clypeata, Eucera collaris;

— Serapias lingua × Serapias perez-chiscanoi; Serapias ×venhuisia F.M. Vázquez
Polinizada por Eucera clypeata, Eucera collaris;

— Serapias lingua × Serapias strictiflora; Serapias ×stenopetala Maire & T. Stephenson
Polinizada por Eucera clypeata, Eucera collaris;

– Serapias lingua × Serapias vomeracea; Serapias ×intermedia Forestier ex Rchb. fil.
Polinizada por Eucera clypeata, Eucera collaris;

– Serapias parviflora × Serapias strictiflora
Polinizada por Eucera clypeata, Eucera collaris;

– Ophrys algarvensis × Ophrys atlantica
Polinizada por Colletes albomaculatus

– Ophrys algarvensis × Ophrys fusca
Polinizada por Colletes albomaculatus, Andrena flavipes, Andrena nigroaenea, Andrena similis

– Ophrys algarvensis × Ophrys lupercalis; Ophrys ×pozoi E. Robles & M. Becerra
Polinizada por Colletes albomaculatus, Andrena nigroaenea

– Ophrys alpujata × Ophrys lupercalis
Polinizada por Andrena nigroaenea

– Ophrys apifera × Ophrys baleárica
Polinizada por Eucera longicornis, Megachile sicula

– Ophrys apifera × Ophrys bombyliflora; Ophrys ×circaea W. Rossi & G. Prola
Polinizada por Eucera longicornis, Eucera nigrescens

– Ophrys apifera × Ophrys catalaunica
Polinizada por Eucera nigrescens

– Ophrys apifera × Ophrys ficalhoana; Ophrys ×turiana J.E. Arnold
Polinizada por Eucera longicornis

– Ophrys apifera × Ophrys picta nafarroana; Ophrys ×pompelonensis E. Robles, M. Becerra & A. Bece Polinizada por Eucera longicornis
rra

– Ophrys apifera × Ophrys incubacea; Ophrys ×sandrae Sardu
Polinizada por Eucera longicornis

– Ophrys apifera × Ophrys scolopax; Ophrys ×pseudoscolopax Moggridge; Ophrys ×minuticauda Duffort; Ophrys ×ouritensis Guitonneau
Polinizada por Eucera longicornis

– Ophrys apifera × Ophrys speculum; Ophrys ×soller M. Henkel
Polinizada por Eucera longicornis

— Ophrys apifera × Ophrys tenthredinifera

Polinizada por Eucera longicornis

— Ophrys arachnitiformis × ¿Ophrys bertolonii? Ophrys ×neocamusii Godfery
Polinizada por Andrena nigroaenea

— Ophrys arachnitiformis × Ophrys lupercalis; Ophrys ×carqueirannensis E.G. Camús

Polinizada por Andrena nigroaenea

— Ophrys arachnitiformis × Ophrys passionis
Polinizada por Andrena nigroaenea

— Ophrys arachnitiformis × Ophrys scolopax; Ophrys ×cranbrokeana Godfery

Polinizada por Andrena nigroaenea

— Ophrys arachnitiformis × Ophrys tenthredinifera; Ophrys ×laconensis Scrugli & M.P. Grasso
Polinizada por Andrena nigroaenea

— Ophrys araneola × Ophrys catalaunica
Polinizada por Andrena combinata

— Ophrys araneola × Ophrys sphegodes; Ophrys ×jeanpertii E.G. Camús
Polinizada por Andrena combinata

— Ophrys arnoldii × Ophrys fabrella ¿? — Ophrys arnoldii × Ophrys fusca

Polinizada por Andrena nigroaenea

— Ophrys arnoldii × Ophrys lupercalis ¿? (ut Ophrys arnoldii × Ophrys forestieri)
Polinizada por Andrena nigroaenea

— Ophrys arnoldii × Ophrys passionis
Polinizada por Andrena nigroaenea

— Ophrys arnoldii × Ophrys speculum
Polinizada por Andrena nigroaenea

— Ophrys arnoldii × Ophrys sphegodes; Ophrys ×vistabellae J.E. Arnold
Polinizada por Andrena nigroaenea

– Ophrys arnoldii × Ophrys vasconica
Polinizada por Andrena nigroaenea

– Ophrys atlantica × Ophrys bilunulata
Polinizada por Megachile parietina

– Ophrys atlantica × Ophrys dyris; Ophrys ×kurzeorum H. Baumann
Polinizada por Megachile parietina

– Ophrys atlantica × Ophrys lupercalis; Ophrys ×joannae Maire; Ophrys ×angelicae Conesa nom. Nudum
Polinizada por Megachile parietina

– Ophrys atlantica × Ophrys lutea; Ophrys ×migoutiana H. Gay

Polinizada por Megachile parietina

– Ophrys aveyronensis × Ophrys castellana; Ophrys ×ayusoi C.E. Hermos. & Soca
Polinizada por Andrena hattorfiana

– Ophrys aveyronensis × Ophrys ficalhoana; Ophrys ×caballeroi C.E. Hermos.
Polinizada por Andrena hattorfiana

– Ophrys aveyronensis × Ophrys passionis; Ophrys ×costei H. van Looken
Polinizada por Andrena hattorfiana

– Ophrys aveyronensis × Ophrys scolopax; Ophrys ×bernardii H. van Looken
Polinizada por Andrena hattorfiana

– Ophrys aveyronensis ×Ophrys sphegodes; Ophrys ×ezcaraiensis C.E. Hermos. & Soca
Polinizada por Andrena hattorfiana

– Ophrys balearica × Ophrys dyris
Polinizada por Megachile sicula

– Ophrys balearica × Ophrys fusca; Orchis ×spuria Reinhard
Polinizada por Megachile sicula

– Ophrys balearica × Ophrys incubacea
Polinizada por Megachile sicula

— Ophrys balearica × Ophrys lutea
Polinizada por Megachile sicula

— Ophrys balearica × Ophrys spectabilis

Polinizada por Megachile sicula

— Ophrys balearica × Ophrys speculum; Ophrys ×emmae G. Keller es H. Wettst.
Polinizada por Megachile sicula

— Ophrys balearica × Ophrys sphegodes
Polinizada por Megachile sicula

— Ophrys balearica × Ophrys sulcata
Polinizada por Megachile sicula

— Ophrys balearica × Ophrys tenthredinifera
Polinizada por Megachile sicula

— Ophrys bilunulata × Ophrys dyris; Ophrys ×provecta B. Ayuso & C.E. Hermos.

Polinizada por Andrena flavipes, Andrena nigroaenea

— Ophrys bilunulata × Ophrys fabrella
Polinizada por Andrena flavipes, Andrena nigroaenea

— Ophrys bilunulata × Ophrys fusca; Ophrys ×proxima C.E. Hermos., B. Ayuso & Soca
Polinizada por Andrena flavipes, Andrena nigroaenea

— Ophrys bilunulata × Ophrys lutea; Ophrys ×lucronii B. Ayuso
Polinizada por Andrena flavipes, Andrena nigroaenea

— Ophrys bilunulata × Ophrys sphegodes ¿? — Ophrys bombyliflora × Ophrys fusca
Polinizada por Andrena flavipes, Andrena nigroaenea

— Ophrys bombyliflora × Ophrys guimaraesi (ut Ophrys bombyliflora × Ophrys tenthredinifera subsp. guimaraesi)
Polinizada por Eucera nigrescens

– Ophrys bombyliflora × Ophrys incubacea; Ophrys ×cosana H. Baumann & Künkele
Polinizada por Eucera nigrescens

– Ophrys bombyliflora × Ophrys lutea; Ophrys ×clapensis M. Balayer
Polinizada por Eucera nigrescens

– Ophrys bombyliflora × Ophrys picta
Polinizada por Eucera nigrescens

– Ophrys bombyliflora × Ophrys scolopax; Ophrys ×olbiensis E.G. Camús

Polinizada por Eucera nigrescens

– Ophrys bombyliflora × Ophrys spectabilis; Ophrys ×melineae Sylviane & J.M. Moingeon

Polinizada por Eucera nigrescens

– Ophrys bombyliflora × Ophrys speculum; Ophrys ×fernandii Rolfe
Polinizada por Eucera nigrescens

– Ophrys bombyliflora × Ophrys ¿sphegifera?
Polinizada por Eucera nigrescens

– Ophrys bombyliflora × Ophrys tenthredinifera; Ophrys ×humbertii Maire
Polinizada por Eucera nigrescens

– Ophrys castellana × Ophrys ficalhoana; Ophrys ×diez-santosii B. Ayuso
Polinizada por Colletes cunicularius

– Ophrys castellana × Ophrys passionis
Polinizada por Colletes cunicularius

– Ophrys castellana × Ophrys picta
Polinizada por Colletes cunicularius

– Ophrys castellana × Ophrys scolopax; Ophrys ×vanlookeniana P. Delforge
Polinizada por Colletes cunicularius

– Ophrys castellana × Ophrys sphegodes; Ophrys ×delmeziana P. Delforge
Polinizada por Colletes cunicularius

— Ophrys castellana × Ophrys tenthredinifera
Polinizada por Colletes cunicularius

— Ophrys catalaunica × Ophrys incubacea; Ophrys ×montisciana J.E.Arnold
Polinizada por Megachile pyrenaica

— Ophrys catalaunica × Ophrys insectifera
Polinizada por Megachile pyrenaica

— Ophrys catalaunica × Ophrys passionis ¿? — Ophrys catalaunica × Ophrys picta
Polinizada por Megachile pyrenaica

— Ophrys catalaunica × Ophrys scolopax; Ophrys ×olostensis O. Danesch & E. Danesch; Ophrys ×montserratensis Cadevall
Polinizada por Megachile pyrenaica

— Ophrys catalaunica × Ophrys subinsectifera; Ophrys ×poisneliae Menos
Polinizada por Megachile pyrenaica

— Ophrys catalaunica × Ophrys speculum
Polinizada por Megachile pyrenaica

— Ophrys catalaunica × Ophrys sphegodes; Ophrys ×agustinii Kreutz
Polinizada por Megachile pyrenaica

— Ophrys ¿clara? × Ophrys incubacea; Ophrys ×perceiana F.M. Vázquez & R. Lorenz ¿? (ut Ophrys fusca subsp. clara × Ophrys incubacea)
Polinizada por Colletes cunicularius

— Ophrys corbariensis × Ophrys sphegodes
Polinizada por Eucera interrupta, Eucera longicornis, Eucera nigrescens

— Ophrys dianica × Ophrys lupercalis (forestieri); Ophrys ×lucentina P. Delforge
Polinizada por Andrena vulpecula

— Ophrys dyris × Ophrys fusca; Ophrys ×lenae M.R. Lowe & D. Tyteca pro sp.
Polinizada por Anthophora atroalba

— Ophrys dyris × Ophrys lupercalis; Ophrys ×brigittae H. Baumann
Polinizada por Anthophora atroalba

– Ophrys dyris × Ophrys lutea
Polinizada por Anthophora atroalba

– Ophrys dyris × Ophrys speculum; Ophrys ×breieri Wallenwein & Saad
Polinizada por Anthophora atroalba

– Ophrys ficalhoana × Ophrys incubacea; Ophrys ×juanae B. Ayuso
Polinizada por Eucera nigrescens

– Ophrys ficalhoana × Ophrys passionis; Ophrys ×bodegomii Benito, C.E. Hermos. & Soca
Polinizada por Eucera nigrescens

– Ophrys ficalhoana × Ophrys picta; Ophrys ×aranii E. Robles, M. Becerra, G. Astete & P. Barrena
Polinizada por Eucera nigrescens

– Ophrys ficalhoana × Ophrys riojana; Ophrys ×robatschii B. Ayuso
Polinizada por Eucera nigrescens

– Ophrys ficalhoana × Ophrys scolopax; Ophrys ×tabuencae Arnold, B. Ayuso, Hermos. & Soca
Polinizada por Eucera nigrescens

– Ophrys ficalhoana × Ophrys speculum; Ophrys ×martae B. Ayuso
Polinizada por Eucera nigrescens

– Ophrys ficalhoana × Ophrys sphegodes; Ophrys ×arizaletae Alejandre, B. Ayuso; C.E. Hermosilla & Soca
Polinizada por Eucera nigrescens

– Ophrys ficalhoana × Ophrys tenthredinifera
Polinizada por Eucera nigrescens

– Ophrys fusca × Ophrys incubacea; Ophrys ×corinthiaca Hausskn.; Ophrys ×braun-blanquetiana Soó
Polinizada por Andrena flavipes, Andrena nigroaenea

– Ophrys fusca × Ophrys lutea; Ophrys ×gauthieri Lièvre
Polinizada por Andrena flavipes, Andrena nigroaenea

– Ophrys fusca × Ophrys passionis
Polinizada por Andrena flavipes, Andrena nigroaenea

— Ophrys fusca × Ophrys speculum; Ophrys ×fuscospeculum G. Keller
Polinizada por Andrena flavipes, Andrena nigroaenea

— Ophrys fusca × Ophrys sphegodes; Ophrys ×pseudofusca Albert & E.G. Camús
Polinizada por Andrena flavipes, Andrena nigroaenea

— Ophrys fusca × Ophrys tenthredinifera; Ophrys ×lievreae Maire
Polinizada por Andrena flavipes, Andrena nigroaenea

— Ophrys fusca × Ophrys vernixia; Ophrys ×conimbricensis O. Danesch & E. Danesch
Polinizada por Andrena flavipes, Andrena nigroaenea

— Ophrys incubacea × Ophrys insectifera; Ophrys ×alejandrei B. Ayuso
Polinizada por Andrena morio, Melecta albifrons

— Ophrys incubacea × Ophrys lutea; Ophrys ×piscinica P. & C. Delforge
Polinizada por Andrena morio, Melecta albifrons

— Ophrys incubacea × Ophrys picta; Ophrys ×maimonensis F.M. Vázquez
Polinizada por Andrena morio, Melecta albifrons

— Ophrys incubacea × Ophrys scolopax; Ophrys ×breviappendiculata Duffort; Ophrys ×llenasii Sennen
Polinizada por Andrena morio, Melecta albifrons

— Ophrys incubacea × Ophrys speculum; Ophrys ×pantaliciensis R. Kholmüller; Ophrys ×neokelleri Soó

— Ophrys incubacea × Ophrys¿sphegifera?
Polinizada por Andrena morio, Melecta albifrons

— Ophrys incubacea × Ophrys sphegodes; Ophrys ×todaroana Macch.
Polinizada por Andrena morio, Melecta albifrons

— Ophrys incubacea × Ophrys tenthredinifera
Polinizada por Andrena morio, Melecta albifrons

— Ophrys insectifera × Ophrys lupercalis

– Ophrys insectifera × Ophrys passionis; Ophrys ×fonsaudiensis Soca

– Ophrys insectifera × Ophrys sphegodes; Ophrys ×hybrida Pokorny ex Rchb. fil.; Ophrys ×gibbosa Beck; Ophrys ×pokornyi Guetrot; Ophrys ×reichenbachiana Schulze; Ophrys ×zimmermanniana A. Fuchs

– Ophrys insectifera × Ophrys subinsectifera

– Ophrys lucentina × Ophrys lutea; Ophrys ×serrae B. Ayuso

– Ophrys lucentina × Ophrys speculum; Ophrys ×marinaltae M.R. Lowe, Piera & M.B. Crespo (ut Ophrys dianica × Ophrys speculum)

– Ophrys lucentina × Ophrys tenthredinifera; Ophrys ×donatae Tejedor, Catalá & Sospedra (ut Ophrys dianica × Ophrys tenthredinifera)

– Ophrys lupercalis × Ophrys lutea; Ophrys ×fraresiana M.R. Lowe, Piera & M.B. Crespo

– Ophrys lupercalis × Ophrys passionis; Ophrys ×sancti-cyrensis Soca (ut Ophrys forestieri × Ophrys passionis)

– Ophrys lupercalis × Ophrys speculum; Ophrys ×eliasii Sennen (ut Ophrys forestieri × Ophrys speculum) – Ophrys lupercalis × Ophrys tenthredinifera;

– Ophrys lutea × Ophrys passionis; Ophrys ×mirandana C.E. Hermos. & G. Ubieto

– Ophrys lutea × Ophrys picta

– Ophrys lutea × Ophrys riojana; Ophrys ×fontechensis C.E. Hermos.

– Ophrys lutea × Ophrys scolopax; Ophrys ×pseudospeculum DC.

– Ophrys lutea × Ophrys speculum; Ophrys ×chobautii G. Keller

– Ophrys lutea × Ophrys ¿sphegifera? ¿?

– Ophrys lutea × Ophrys sphegodes; Ophrys ×quadriloba E.G. Camús, Bergon & A. Camús; Ophrys ×balarucensis G. Keller

– Ophrys lutea × Ophrys tenthredinifera; Ophry ×anamariae E. Robles & M. Becerra

– Ophrys occidentalis × Ophrys lupercalis (ut Ophrys exaltata subsp. marzuola × Ophrys lupercalis)

– Ophrys occidentalis × Ophrys tenthredinifera (ut Ophrys exaltata subsp. marzuola × Ophrys tenthredinifera)

– Ophrys passionis × Ophrys riojana; Ophrys ×acina C.E. Hermos.

— Ophrys passionis × Ophrys scolopax; Ophrys ×hermosillae Soca & B. Ayuso

— Ophrys passionis × Ophrys speculum; Ophrys ×armentariae Ferrández, B. Ayuso & Hermos.; Ophrys ×sanctae-cruccis A. & M. Pinaud, C.& G. Lamaurt

— Ophrys passionis × Ophrys sphegodes; Ophrys ×zamba C.E. Hermos.

— Ophrys passionis × Ophrys tenthredinifera

— Ophrys passionis × Ophrys vasconica

— Ophrys passionis × Ophrys ¿vetula? ¿?

— Ophrys picta × Ophrys riojana; Ophrys ×zubiae C.E. Hermos. & Tabuenca

— Ophrys picta × Ophrys scolopax

— Ophrys picta × Ophrys speculum; ¿Ophrys ×kelleriella Denis?

— Ophrys picta × Ophrys sphegodes

— Ophrys picta × Ophrys tenthredinifera; Ophrys ×gomezii E. Robles & M. Becerra

— Ophrys querciphila × Ophrys sphegodes; Ophrys ×ibanezii E. Robles, M. Becerra & A. Becerra

— Ophrys riojana × Ophrys speculum

— Ophrys riojana × Ophrys sphegodes; Ophrys ×abdita C.E. Hermos.

— Ophrys scolopax × Ophrys speculum; Ophrys ×castroviejoi Serra & Soler

— Ophrys scolopax × Ophrys sphegodes; Ophrys ×nouletii E.G. Camús; Ophrys ×philippii Gren.

— Ophrys scolopax × Ophrys tenthredinifera; Ophrys ×peltieri Maire

— Ophrys spectabilis × Ophrys tenthredinifera

— Ophrys speculum × Ophrys sphegifera ¿?

— Ophrys speculum × Ophrys sphegodes; Ophrys ×macchiatii E.G. Camús

— Ophrys speculum × Ophrys tenthredinifera; Ophrys ×heraultii G. Keller

— Ophrys speculum × Ophrys vasconica ¿?

— Ophrys speculum × Ophrys vernixia; Ophrys ×innominata D. Tyteca & B. Tyteca (ut Ophrys lusitanica × Ophrys speculum)

— Ophrys ¿sphegifera? × Ophrys tenthredinifera

– Ophrys sphegodes × Ophrys tenthredinifera; Ophrys ×tinyusi B. Ayuso

– Ophrys sphegodes × Ophrys vernixia ¿? (ut Ophrys lusitanica × Ophrys sphegodes)

NOTOTAXONES INTERGENÉRICOS

– Cephalanthera longifolia × Orchis langei; ×Cephalorchis sussana F.M. Vázquez

– Gymnadenia conopsea × Dactylorhiza elata; ×Dactylodenia jeanjeanii G. Keller

– Gymnadenia conopsea × Dactylorhiza ericetorum ¿?

– Gymnadenia conopsea × Dactylorhiza fuchsii; ×Dactylodenia saint-quintinii (Godfery) J. Duvign.; ×Dactylodenia heinzeliana (Reichardt) Garay & H.R. Sweet

– Gymnadenia conopsea × Dactylorhiza maculata; ×Dactylodenia legrandiana (E.G. Camús) E. Peitz

– Gymnadenia conopsea × Dactylorhiza majalis; ×Dactylodenia lebrunii (E.G. Camús) E. Peit – Gymnadenia conopsea × Orchis morio; ×Orchigymnadenia reserata (Pau) Soó

– Gymnadenia densiflora × Dactylorhiza elata

– Dactylorhiza elata × Orchis palustris; ×Dactylocamptis caballeroi Rivas Goday (ut Orchis sesquipedalis × Orchis palustris)

– Dactylorhiza elata × Spiranthes aestivalis; ×Spilorhiza diversiflora C.E. Hermos., J. Fernández & Undagoitia

– Dactylorhiza incarnata × Orchis mascula ¿?

– Dactylorhiza incarnata × Serapias lingua ¿?

– Dactylorhiza insularis × Orchis mascula; ×Orchidactylorhiza atacina (P. Delforge) P. Delforge

– Dactylorhiza maculata × Orchis morio; ×Dactylocamptis timbaliana E.G. Camús (ut Dactylorhiza maculata × Anacamptis morio)

– Dactylorhiza maculata × Pseudorchis albida

– Dactylorhiza sambucina × Orchis fragrans; ×Dactylocamptis carpetana Willk. ¿?

– Aceras anthropophorum × Orchis italica; ×Orchiaceras bivonae Tod.; ×Orchiaceras henriquesea (J.A. Guim.) E.G. Camús, Bergon & A. Camús; ×Orchiaceras welwitschii (Rchb. fil.) E.G. Camús

– Aceras anthropophorum × Orchis militaris; ×Orchiaceras spurium (Rchb. fil) E.G. Camús; ×Orchiaceras weddellii G. Camús

— Aceras anthropophorum × Orchis purpurea; ×Orchiaceras macra (Lindl.) E.G. Camús; ×Orchiaceras meilsheimeri (Rouy) P. Fourn.; ×Orchiaceras delamainii Alleiz. & Delamain

— Aceras anthropophorum × Orchis simia; ×Orchiaceras bergonii De Nanteuil

— Orchis coriophora × Anacamptis pyramidalis

— Orchis coriophora × Serapias lingua; ×Orchiserapias duffortii E.G. Camús

— Orchis fragrans × Anacamptis pyramidalis; ×Anacamptorchis simorrensis E.G. Camús, Bergon & A. Camús

— Orchis fragrans × Serapias parviflora; ×Orchiserapias andaluciana B. Baumann & H. Baumann

— Orchis laxiflora × Anacamptis pyramidalis; ×Anacamptorchis klingei P. Fourn.; ×Anacamptorchis larzacensis H. Kurze & O. Kurze

— Orchis laxiflora × Serapias cordigera; ×Orchiserapias nouletii (Rouy) E.G. Camús

— Orchis laxiflora × Serapias lingua; ×Orchiserapias complicata E.G. Camús

— Orchis morio × Serapias cordigera; ×Orchiserapias monfortensis De la Peña

— Orchis morio × Serapias lingua; ×Orchiserapias capitata De Laramb. ex E.G. Camús; ×Orchiserapias jeanjeanie G. Keller

— Orchis morio × Serapias vomeracea; ×Orchiserapias leroyi E.G. Camús & Sennen; ×Herorchiserapias fontanae (Rigo & Goiran) P. Delforge

— Orchis papilionacea × Anacamptis pyramidalis ¿?; ×Anacamptorchis vanlokeinii C. Bernard & G. Fabre

— Orchis papilionacea × Serapias lingua ¿?, ×Serapimeulenia barlae (Barla ex K. Richter) P. Delforge

— Orchis papilionacea × Serapias cordigera ¿?, ×Orchiserapias debeauxii E.G. Camús

— Himantoglossum hircinum × Orchis simia; ×Orchimantoglossum lacazei (E.G. Camús) Asch. & Graebn.

— Barlia robertiana × Orchis collina; ×Barliorchis almeriensis Pallarés

— Anacamptis pyramidalis × Serapias lingua; ×Serapicamptis forbesii Godfery

BIBLIOGRAFIA

Dressler, R.L., 1976. How to study orchid pollination without any orchids. In Senghas, K., ed. *Proceedings 8th World Orchid Conference*. Frankfurt: Eighth World Orchid Conference, 534-537.

Nilsson, L.A. 1983. Processes of isolation and introgressive interplay between *Platanthera bifolia* (L.) Rich and *P. chlorantha* (Custer) Reichb. (Orchidaceae). *Botanical Journal of the Linnean Society,* 87: 325-350.

Peakall, R. 1990. Responses of male *Zaspilothynnus trilobatus* Turner wasps to females and the sexually deceptive orchid it pollinates. *Functional Ecology,* 4: 159-167.

Scaccabarozzi, D., Cozzolino, S., Guzzetti, L., Galimberti, A., Milne, L., Dixon, K.W. & Phillips, R.D. 2018. Masquerading as pea plants: behavioural and morphological evidence for mimicry of multiple models in an Australian orchid. *Annals of Botany,* 122: 1061-1073.

Vereecken, N.J., Wilson, C.A., Hötling, S., Schulz, S., Banketov, S.A. & Mardulyn. P. 2012. Pre-adaptations and the evolution of pollination by sexual deception: Cope's rule of specialisation revisited. *Proceedings of the Royal Society B: Biological Sciences,* 279: 4786-4794.

Index:

Printed by Books on Demand GmbH, Norderstedt / Germany